中原地区被动式建筑设计技术与应用研究

崔　胜　李寅飞　张静娟　著

中国原子能出版社

图书在版编目(CIP)数据

中原地区被动式建筑设计技术与应用研究 / 崔胜，
李寅飞，张静娟著. —北京：中国原子能出版社，
2021.7（2024.1 重印）
ISBN 978 - 7 - 5221 - 1484 - 2

Ⅰ.①中…　Ⅱ.①崔…②李…③张…　Ⅲ.①建筑设
计　Ⅳ.①TU2

中国版本图书馆 CIP 数据核字（2021）第 140174 号

中原地区被动式建筑设计技术与应用研究

出版发行	中国原子能出版社（北京市海淀区阜成路 43 号　100048）
责任编辑	胡晓彤
装帧设计	刘慧敏
责任校对	刘慧敏
责任印制	赵明
印　　刷	河北文盛印刷有限公司
经　　销	全国新华书店
开　　本	787 mm×1092 mm　　1/16
印　　张	12.625
字　　数	213 千字
版　　次	2021 年 7 月第 1 版　　2024 年 1 月第 2 次印刷
书　　号	ISBN 978 - 7 - 5221 - 1484 - 2　　　定　价　68.00 元

网址：http://www.aep.com.cn　　　　E-mail：atomep123@126.com
发行电话：010 - 68452845　　　　　版权所有　侵权必究

前 言 PREFACE

被动式建筑设计是在尽量不依赖常规能源消耗的前提之下,完全依靠建筑本身的规划布局、建筑设计、环境配置,以适应并利用地区气候地理特点,创造健康舒适的室内热环境的设计方法。对于绿色建筑来说,太阳能发电设计,墙外保温等属于主动设计的范畴,而被动式建筑设计技术在建筑设计中也有着重要的应用,其是绿色建筑设计的基础,需要以建筑项目所在地的气候环境,生活特征以及地形地貌等条件为基础来合理的进行建筑设计。被动式建筑设计技术有着抽象性的特点,难以具象到具体的设备材料,因此在应用的过程中要求较高,难度较大。因此,对被动式建筑设计技术与应用进行研究具有重要的意义。

本书立足于中原地区被动式建筑设计技术与应用实践,首先介绍了被动式建筑设计的基础知识,接着对装配式建筑常用材料进行了分析,进而对绿色建筑设计要素进行梳理,之后分别对建筑围护结构节能、通风与建筑节能、绿色建筑采暖节能进行了论述,最后通过对被动式太阳能采暖设计与节能建筑日照调节的全面分析,系统地探讨了绿色建筑能源管理。希望通过本书的介绍,能够为读者在中原地区被动式建筑设计技术与应用研究方面提供帮助。

本书由崔胜、李寅飞、张静娟合著。在写作过程中,笔者参考了部分相关资料,获益良多。在此,谨向相关学者师友表示衷心感谢。

由于水平所限,有关问题的研究还有待进一步深化、细化,书中不足之处在所难免,欢迎广大读者批评指正。

著　者

2021 年 5 月

目 录 CONTENTS

第一章　被动式建筑设计基础

第一节　被动式建筑设计及其理念

一、被动式建筑设计的基本概念

现代建筑功能、技术日益复杂,各专业的分工也日益明确。目前,我们一般所说的建筑设计实际由建筑、结构、设备(包括给排水、供暖通风、供电通信)多个专业分工完成。在特殊的工业项目建筑设计中,又包括工艺流程设计。

所谓被动式建筑设计,其实就是相对于主动式建筑设计而提出的。"主动式"一词在建筑领域最早出现于太阳房设计,即主动式太阳房是指在太阳能系统中安装用常规能源驱动的系统,如控制系统供调节用的水泵或风机及辅助热源等设备,它可以根据需要调节室温达到舒适的环境条件,这对人来说有主动权,故称主动式太阳房;被动式太阳房是指太阳能向室内传递,不用任何机械动力,而是完全由自然的方式进行。

被动式建筑设计的出现也是针对建筑节能目标而提出的。主动式建筑设计节能解决方案是指通过技术创新来降低设备能源消耗需求或提高设备能效的方式,如节能灯具、节能空调、变频风机或水泵、太阳能热水系统、太阳能光伏发电系统等。而被动式建筑设计是指在满足室内舒适度要求(风、光、热等)的前提下,针对建筑节能的目标,利用自然方式,不需任何机械动力(或机械动力是不以实现室内舒适度为目的的辅助动力)来降低能源消耗的设计方法,如自然通风、自然采光、被动太阳房、建筑遮阳、屋顶绿化等。

新时期的被动式建筑设计与传统的建筑设计方法不同,新时期的被动式建筑设计方法更加注重气候、环境等因素的引导设计、定性设计方法的定量化。

(一)气候、环境等因素的引导设计

传统建筑的建造在适应气候、环境等方面有很多的实践并形成了一些值得我们借鉴的经验。在当今的建筑设计中,这些方法或多或少地消失了,因为这些经验的传承大多通过感知转达。当代建筑设计中,建筑师多数把利用或者抵御气候

的问题转移给了设备工程者,气候等因素所能体现的内容只是一些技术标准和技术措施。绿色建筑则要求建筑师在设计建筑之前就应该了解当地的气象、地理特征,从而指导如何进行体形、窗口设计等。

(二)定性设计方法的定量化

传统的建筑设计方法对某些技术的效果表达很难用定量方法量化,如自然通风效果等。通过结合计算机模拟技术的自然通风性能设计,可以定量地表达房间开窗设计在自然通风情况下小于 0.3 m/s 区域的面积比,通过定量化的评价可以为开窗开门大小、位置提出改进建议。

二、被动式建筑设计的内容和目标

基于传统建筑设计架构,被动式建筑设计分为规划布局和建筑单体两个部分。规划布局主要在原有规划内容的基础上增加对日照、风环境的考虑,建筑单体设计包括体形设计、外立面设计、内部空间设计、围护结构节能设计四个部分。

被动式建筑设计的主要目标是建筑节能,具体目标包括以下几个方面。

①被动式建筑设计要为人们提供健康、适用和高效的使用空间。

②被动式建筑设计要为社会提供节约资源、环保、可持续并与自然和谐共生的建筑。

③被动式建筑设计是一项综合建筑设计工作,要能综合各专业,做好合理安排,协调合作。

④被动式建筑设计是对建筑空间的合理设计,立足于现实,又要有理想,并具有创新性。

⑤被动式建筑设计的目标是建筑空间环境的统一、舒适、完美,综合效益上的最佳、优化,城市社会的协调。

三、被动式降温的理念

随着我国经济的快速发展和人民生活水平的提高,建筑节能已成为可持续发展的重要组成部分。当今建筑由于其庞大的面积基数,未来的能耗增长不容小觑,建筑节能的工作重点应是尽量利用被动式技术,减少能源消耗和能源需求的增加,而降温能耗也可以通过高效的被动式设计策略来降低,这就是被动式降温。被动式降温包括建筑的设计、建造及使用过程中大量简便、经济有效的措施。被动式降温能使人感到舒适,不需要造价高、耗电多、污染环境的机械装置,如空调或制冷机,因此被动式降温既可以降低制冷设备的成本,又可以保护环境。

(一)被动式降温原理

所谓被动式降温是指不依靠机械装置,而是基于当地气候和地理环境进行合理设计,利用自然元素来为建筑降温,遵循建筑环境控制技术基本原理,从而获得我们所期望的适宜环境的一种降温方式。

被动式降温主要从三个方面对房屋降温进行控制。第一方面是"防热",主要是阻止直接辐射热对建筑的影响,设计方法主要有适当的遮阳措施、合理安排建筑布局、选择合适的建筑方位等,使建筑尽可能少地受到室外热量的侵袭;第二方面是"隔热",来阻止作用到建筑物上的热量大量进入室内,设计方法有利用浅色外表面、蒸发、隔热材料等,使建筑物接收到的热量尽可能少地传入室内;第三方面是"散热",将室内的热量(包括通过围护结构进入室内的热量和室内热源产生的热量)尽可能快地排出室外或蓄存起来(利用蓄热设备等将多余的热量存储起来),主要是通过自然通风、蓄热降温等来降低室内温度。

综上所述,经过大量的探求和试验,已经较为普遍的被动式降温的主要方法有自然通风降温、辐射降温、蒸发降温和土壤降温。

自然通风降温是通过自然通风加速皮肤水分的蒸发,提高人体的热舒适感,扩大人体在热环境中自我调节的范围。这是一种完全依靠气候起作用的方式,因此可以在不消耗常规能源情况下实现被动式制冷。

辐射降温是通过相关技术大幅度增加房屋向外辐射的能量,从而导致房屋降温。目前较常采取有效的遮阳措施降低透明围护结构的得热量,将幕墙技术与室内外遮阳系统结合起来,从而可综合获得环境适应性、自然光控制以及热舒适性。

蒸发降温是一种较为传统经济的降温方式。在气候干热的地区,空气干燥、降雨量少,一年四季以晴天为主,同时伴随着强烈太阳辐射的直射阳光,日温差较大。在这样的气候条件下,建筑热环境通常显得比较干燥,此时应用蒸发降温可以同时起到降温和增湿的作用。当水分蒸发时,它会从周围吸收大量的显热,并以水蒸气的形式把显热转变为潜热,当显热转化为潜热,温度随之降低;也可以利用直接蒸发冷却后的空气(称为二次空气)或水,利用相关原理通过换热器与室外空气进行热交换,实现冷却,由于空气不与水直接接触,其含湿量保持不变,是一个等湿降温过程。

土壤降温主要基于以下事实:泥土深度达到大约 6 m 以下时,夏天和冬天之间的温度差异几乎消失,温度一年四季都保持在一个恒定的状态,这个温度与当地的年平均气温相等。地面温度与土壤深层处的温差足够大,才能用来降温。即使温差不够大,也要比室外空气凉爽的多。通常是将建筑背靠土丘或者岩土,或将建筑建在地下,通过热交换使建筑降温与泥土直接作用方式;或者空气从地下管道进入室内,利用地下管道使空气降温与泥土间接作用方式。

此外,除上述方法外,还有一些被动降温的方法,如干燥剂除湿降温法、绿化降温法等等,其降温效果也很明显,节能经济,这里就不再一一论述。值得一提的是,随着被动式降温技术的发展,单一的一种被动降温方法已不能满足建筑降温的需要,往往是两种或两种以上的方法综合使用,以达到显著的效果。

(二)被动式降温设计方法

被动式降温设计策略是由特定地区的气候特征所决定的,白天空气温度、夜间空气温度、风速及风向、夏季太阳辐射强度和其他因素的差异,导致设计中所面临的挑战显著不同。无论如何,在考察某些特定的地域性设计策略之前,要先研究一下被动式降温的一些基本设计方法。建筑热状况是建筑室内热环境因素和室外气候组成要素之间相互作用的结果,建筑物借助围护结构使其与外部环境隔开,从而形成房间的微气候。任何气候区域的建筑,都可以借助许多简单易行的方法,归纳为以下四类:第一,降低建筑内部热量的产生;第二,阻止建筑外部热量的进入;第三,释放建筑内部蓄存的热量;第四,给人体降温的不同方式。在制定特定区域建筑的被动式降温策略前,对以上方法的透彻理解是至关重要的。

(三)被动式降温气候适应性

在这部分将考察若干气候区,并讲述适宜于各个气候区的被动式降温策略。因为许多策略适用于各个气候地区,所以一下将主要论述适合每个气候区具体的降温策略。在这里将我国所有气候区按照类型划分为五大区域,即严寒地区、寒冷地区、夏热冬冷地区、温和地区及夏热冬暖地区,下面将论述每个区域的降温策略。

➤➤ 1. 寒冷和严寒地区的被动式降温设计

寒冷和严寒地区冬季既长而寒冷,有些地区时间长达 7~8 个月,1 月份平均气温 −28~−5 ℃;有些地区甚至更低,夏季短促而温凉,7 月份的平均气温

18～33 ℃；气温年较差和日较差均很大，降雨量稀少，某些地区年降水量少于200 mm，由于气温低，蒸发量大，相对湿度大，冬季多大风和风沙天气。在寒冷气候区，某些地区整个夏天都很凉爽，所以无须给建筑遮阴，有些地区则比较热，需要设置挑檐和遮阳板为建筑降温。除此之外，不再需要其他降温措施。在这个地区应该考虑采用覆土设计。这种设计可以使建筑在夏季保持凉爽，冬季利用厚重土坯的蓄热能力保持室内温度，此类建筑需要除湿，防止夏季室内受潮。被动式太阳能设计、围护结构的良好保温性能以及使用防寒设备都可以大大减少对矿物燃料的需求。

在严寒和寒冷地区进行被动式降温时，可以采用辐射降温，但不宜在建筑外墙面涂抹辐射材料，因为这会影响建筑物在冬天的吸热，造成冬天建筑物内温度过低；此外自然通风降温、土壤降温、蒸发降温、干燥剂除湿降温都有很大的应用空间。

▶▶ 2. 夏热冬冷地区的被动式降温设计

夏热冬冷地区是我国人口最密集、经济发展速度最快的地区，大部分沿长江流域分布，具有夏季闷热、冬季湿冷的共同特点。夏热冬冷地区没有采暖空调设施的建筑在夏季午后至夜晚，室内气温往往超过 34 ℃，有的甚至 37～38 ℃，尤其是在连晴高温天气里，夜里室内难以入眠。多雨带来的潮湿气候不仅加重了夏季的闷热和冬季的阴冷，而且导致室内围护结构表面及家具表面结露，加速室内物品的发霉变质等。夏热冬冷地区的整个夏季室内热环境有 87.5% 的时间是不舒适的，有 36.5% 的时间影响居民的生活。夏热冬冷地区夏季室内的热环境非常恶劣，人们的基本生活条件都得不到保障，更谈不上热舒适了。

由于该区夏季室外气候的热指数和湿指数都达到 1，夏季盛行南风，冬季多偏北风。夏季利用自然通风设计非常重要。底层或地下室的窗户可以将室外树荫处的凉爽空气引入室内，带走热量，由高层窗户，屋顶或者天窗排出，这种开放式的自然通风设计能够有效促进空气流通，为了在一定气流速度条件下得到舒适的室内气候，顶棚温度和墙内表温度不可高于室外气温，特别是傍晚及夜间，因此建筑围护结构必须有一定的隔热能力，建筑材料采用砖、混凝土、空心混凝土砌块、轻质混凝土都是适宜的，只要其厚度能保证需要的热阻。遮阳也是相当重要的，遮阳篷和其他外部遮阳装置可以减少太阳辐射，其中外部遮阳是最有效的，浅色外墙、遮阳板、隔热材料以及反光板等在夏季都可以有效地隔离热量，靠近建筑物种植的灌木，外墙或凉亭上的蔓藤植物都能起到遮阳的作用。无论采取哪种措施,一定要遮挡住建筑的东西两侧。矮小乔木和灌木可以遮挡早晨和傍晚的阳光。建筑要考虑合适的朝向和窗口设置,减少内部和外部辐射是很重要的,尤其在建筑周围有树荫围绕时效果更佳。除湿器也可以提高室内舒适度。门廊周围的空气比较凉爽,朝向门廊的窗户也可以将凉爽的空气引入室内。景观美化措施在夏季也能帮助建筑降温。

由此可见,自然通风降温应用较广泛,而土壤降温,辐射降温,干燥剂除湿降温和绿化降温可以综合运用以达到更好的效果。

▶▶ 3. 温和地区的被动式降温设计

温和地区冬温夏凉。1月平均气温为 0~13 ℃,七月平均气温 18~25 ℃。气温年较差偏小、日较差偏大、日照较少、太阳辐射强烈。冬季温和,夏季凉爽的气候条件对建筑热工性能的要求也相对简单,适当考虑自然通风措施,避免由于冬季的太阳能设计造成夏季室内过热。建筑设计的重点是选择合适的朝向、正确的窗口位置、遮阳板、保温隔热性能好的材料。设计中还可以采用覆土建筑,用土覆盖的后墙和屋顶可以使室内冬暖夏凉。建筑的东向和西向在清晨和傍晚也需要树木的遮蔽,在温和地区,这一切都依赖于气候本身。温和地区的建筑设计需要考虑风的因素,尤其在没有树木遮挡的地区,正确选址能够防止冷风侵袭,还可以利用植树形成的防风带将夏季凉风导向建筑。

综上可见,自然通风降温、辐射降温、土壤降温、绿化降温等运用都很广泛,另外,温和地区水资源较丰富,蒸发降温也很适用。

▶▶ 4. 夏热冬暖地区的被动式降温设计

气候特征:该区长夏无冬,温高湿重,年平均相对湿度 80% 左右,气温年较差和日较差均很小。雨量充沛,年降雨量大多在 1 500~2 000 mm,是我国降雨最多的地区;多热带风暴和台风;太阳高度角大,太阳辐射强烈,1 月平均气温高于10 ℃,7 月平均气温为 25~29 ℃,年太阳总辐射量 130~170 W/m²。夏季多东南风和西南风,冬季多东风。由于该区典型的湿热气候特点,植物生长茂密且土壤湿润,地面反射辐射通常很低。突出的高湿度需要高的气流速度,以增加人体汗液蒸发率,所以持续通风是首要的舒适要求,同时影响建筑设计的各个方面,包括朝向、窗户位置、大小以及环境配置。建筑设计和构造做法要最大限度地满足穿堂风,所有房间在建筑的迎风面和背风面均应开设通风口。开口朝向的方向与主导风向的夹角在 30°范围内,同时可以利用架空底层以利于增加底层房间的通风能力。为获得良好通风,该区的窗户开口一般都很大。窗户敞开通风的情况下,室内温度与室外温度接近,此时窗户的遮阳和隔热非常重要,开设的大面积的窗口必须有良好的遮阳设计。遮阳板不仅要遮挡直射辐射,同时还必须有效遮挡散射辐射。因为,湿热区散射辐射常常达到很高的强度。如果没有遮阳设施,墙体隔热也很差的话,建筑内表面和室内空气温度都可能高于室外气温而对人体造成不舒适。

由此可以了解到,自然通风降温、辐射降温、蒸发降温都很适用,另外也可以尝试其他的方法。

第二节　不同气候条件下的建筑设计策略

一、中国气候的分布

(一)气候

气候,一般是指一地多年天气的综合表现,包括该地或该地区多年的天气平均状态和极端状态。因此,气候是由两种参量来表征的:一种是表示气候平均状态的恒量,另一种是表示气候在极端状态之间波动幅度的变量。

地球上的气候是多种多样的,几乎找不到任何两个地方的气候是完全相同的,也没有任何一个地方的气候每年的状况都是一样的。对幅员辽阔的中国大地来说,南北、东西的气候差异十分明显,并且大多数地区的气候四季差别较为分明。由南向北,从热带、亚热带、温带到寒带,覆盖了大多数的气候类型。

▶▶▶ **1. 温带季风气候**

温带季风气候分布在我国秦岭、淮河以北的东部地区,如山东、河北、河南、山西、陕西、辽宁、吉林、黑龙江。温带季风气候的特点是夏季温暖、冬季较冷,年降水量 500～1 000 mm,主要集中在夏季,冬夏温差由南向北增大,降水量由南向北减少。

▶▶ **2. 温带大陆性气候**

温带大陆性气候分布在我国西北部,如内蒙古、新疆、青海、甘肃。

由于全年在大陆气团的控制下,冬冷夏热,气温年差较大,降水少,年降水量都在 500 mm 以下,在大陆中部形成干燥或半干燥气候;而大陆北部,则由于纬度偏高,冬季寒冷、漫长,夏季温凉、短促,蒸发不旺,降水虽少,但不干旱,形成特殊的严寒带针叶林气候。

▶▶▶ 3. 亚热带季风气候

亚热带季风气候分布在大陆东岸的亚热带地区,如江苏、安徽、福建、浙江、湖南、湖北、四川、贵州、广东和广西。

这类气候以我国东南部最为典型。这里冬季不冷,1月平均气温普遍在 0 ℃以上;夏季较热,7月平均气温一般为 25 ℃左右。冬夏风向有明显变化,年降水量一般在 1 000 mm 以上,主要集中在夏季,冬季较少。其他地区,由于冬季也有相当数量的降水,冬夏干湿差别不大,因此被称为亚热带季风性湿润气候。

▶▶▶ 4. 热带季风气候

热带季风气候分布在我国西南部分地区,主要是云南省。热带季风气候的特点为全年高温、最冷月平均气温也在 18℃以上,降水与风向有密切关系。冬季盛行来自大陆的东北风,降水少,夏季盛行来自印度洋的西南风,降水丰沛,年降水量大部分地区为 1 500~2 000 mm,但有些地区远多于此数。

▶▶▶ 5. 高原山地气候

高山气候位于我国西藏地区。高原山地气候的特点是气温和降水都有垂直变化,气温随高度的增加而降低,降水在一定高度范围内随高度的增加而增加,超过这一高度则随高度的增加而减少。

(二)建筑气候分区

中国现有关于建筑气候分区主要依据《建筑气候区划标准》的建筑气候区划、《民用建筑热工设计标准》的建筑热工设计分区和《建筑采光设计标准》的中国光气候分区。

建筑气候区划反映的是建筑与气候的关系,主要体现在各个气象基本要素的时空分布特点及其对建筑的直接作用上。建筑气候区划以累年1月和7月平均气温、7月平均相对湿度等作为主要指标。以年降水量、年平均气温<5 ℃和≥25 ℃的天数等作为辅助指标,将全国划分成七个一级区。

建筑热工设计分区反映的是建筑热工设计与气候的关系,主要体现在气象基本要素对建筑物及围护结构的保温隔热设计的影响。建筑热工设计分区用累年最冷月(即 1 月)和最热月(即 7 月)的平均温度作为分区主要指标,累年日平均温度<5 ℃和≥25 ℃的天数等作为辅助指标,将全国划分成五个区,即严寒、寒冷、夏热冬冷、夏热冬暖和温和地区。

我国地域广大,天然光状况相差甚远,若以相同的采光系数规定采光标准则不尽合理,即意味着室外取相同的临界照度。我国天然光丰富区较天然光不足区全年室外平均总照度相差约为 50%。西南广大高原地区年平均室外总照度(从日出后半小时到日落前半小时的全年日平均)高达 31.46 klx,四川盆地及东北北部地区则只有 21.18 klx。为了充分利用天然光资源,取得更多的利用时数,对不同的光气候区应取不同的室外临界照度,即在保证一定室内照度的情况下,各地区规定不同的采光系数。

二、不同气候条件的建筑设计策略

(一)严寒和寒冷地区

根据严寒和寒冷地区的气候特征,被动式建筑设计策略应首先保证围护结构热工性能满足冬季保温要求,并兼顾夏季隔热。通过降低建筑体形系数、采取合理的窗墙比、提高外墙和屋顶及外窗的保温性能,以及尽可能利用太阳得热等,可以有效地降低采暖能耗。具体的措施可以归纳为以下几点。

①建筑宜设在避风地段,或建筑群布局中应将板式高层建筑布置在冬季主导风向,低层布置在夏季主导风向。

②建筑宜设在向阳地段,尽量争取主要房间有较多的日照。

③建筑物的体形系数应尽量小,平、立面不宜出现过多的凹凸面。

④避免开敞式楼梯间和外廊,出入口设置门斗。

⑤建筑北侧宜布置次要房间,北向窗户的面积应尽量小,同时适当控制东西朝向的窗墙比和单窗尺寸。

⑥有效隔断在外墙和屋顶中的各种接缝和混凝土或金属嵌入体构成的各种热桥。

⑦对于挑台等挑出建筑主体的部分,则应采取脱离建筑主体的独立构造体

系,以有效防止冷桥的出现并减少主体建筑的散热。

(二)夏热冬冷地区

夏热冬冷地区被动式设计的重点、设计策略与严寒和寒冷地区不同,根据夏热冬冷地区的气候特征,围护结构热工性能首先要保证夏季隔热要求,并兼顾冬季防寒。

相较于北方采暖地区,体形系数对夏热冬冷地区的影响要小,因此不应过于追求较小的体形系数,而是应该和采光、日照等要求有机结合。如夏热冬冷地区西部全年阴天很多,应充分考虑利用天然采光以降低人工照明能耗,而不是简单地考虑降低空调采暖能耗。

夏热冬冷的部分地区室外风小、阴天多,因此需要从提高日照、促进自然通风角度综合确定窗墙比。由于夏热冬冷地区的人们无论在过渡季节还是冬、夏两季普遍有开窗加强通风的习惯,因此有意识地考虑自然通风设计,适当加大外墙上的开窗面积,同时注意组织室内的通风。

对夏热冬冷地区而言,由于夏季太阳辐射强、持续时间久,因此要特别强调外窗遮阳、外墙和屋顶隔热的设计。

(三)夏热冬暖地区

设计中首先应考虑的因素是如何有效防止夏季的太阳辐射。外围护结构的隔热设计主要在于控制内表面温度,防止对人体和室内过量的辐射传热,因此要同时从降低传热系数、增大热惰性指标、保证热稳定性等出发,合理选择结构的材料和构造形式,达到隔热保温要求。同时,在围护结构的外表面采取浅色粉刷或光滑的饰面材料,以减少外墙表面对太阳辐射热的吸收。为了屋顶隔热和美化的双重目的,应考虑通风屋顶、蓄水屋顶、植被屋顶、带阁楼层的坡屋顶以及遮阳屋顶等多种样式的结构形式。

窗口遮阳对于改善夏热冬暖地区住宅的热环境并实现节能非常重要。它的主要作用在于阻挡直射阳光进入室内,防止室内局部过热。遮阳设施的形式和构造的选择,要充分考虑房屋不同朝向对遮挡阳光的实际需要和特点,综合平衡夏季遮阳和冬季争取阳光入射,设计有效的遮阳方式。

合理设计的自然通风同样很重要。对于夏热冬暖地区中的湿热地区,由于昼夜温差小、相对湿度高,因此可设计连续通风以改善室内热环境。建筑朝向和布局应按"自然通风为主、空调为辅"的原则进行设计,同时还须防止片面追求增加自然通风效果、盲目开大窗而不注重遮阳设施设计的做法。

(四)温和地区

建筑设计策略为部分地区应考虑冬季保温,一般可不考虑夏季防热。材料选择上可考虑中等蓄热性能的材料,并采用贴地构造或架空构造的形式。在围护结构设计上,建议采用浅色屋顶材料,屋顶设置铝箔绝热层及通风层。南向窗户设置外遮阳,东西朝向窗户设置活动遮阳。

第三节　基于风环境分析的规划设计方法

一、基于风环境分析的规划设计理念

良好的区域风环境可以为人们提供舒适的室外活动条件,有助于提升地块的活力与凝聚力,也为建筑单体节能创造有利的环境条件。

建筑风环境设计是指通过对项目所在地气象条件与周边建筑环境的调研与分析,结合项目定位,制定区域风环境营造目标和技术策略;通过CFD(计算流体力学)技术仿真模拟,定量分析设计方案的合理性,对不同规划方案风环境进行分析和评价,为方案比选提供直观的量化数据与依据,将性能化模拟分析与规划设计相结合,从改善风环境角度提出规划布局的改进建议,并通过模拟,量化这些设计方法的改进效果;将模拟分析与规划建筑调整的反复推敲同步,从而更好地推动设计优化,提升项目的环境品质、降低后期改进投入的成本。把建筑风环境设计融入一般的规划设计过程中。

二、合理的布局

(一)设计原则及设计要点

建筑形体及总体布局设计应综合考虑场地内外建筑日照、自然通风、基地风环境与噪声等因素和要求,根据场地条件、建筑布局和周围环境,确定适宜的形体及布局形式。

①建筑体形系数是衡量建筑绿色节能的一项重要指标,应适应不同地区的气候条件,满足《民用建筑节能设计标准》第4.1.2条的要求。湿热地区建筑的体形宜主面长、进深小,以利于通风和自然采光。

②建筑日照主要针对有严格日照要求的功能用房,如幼儿园、教室、老年人活动室、病房等。充分利用计算机日照模拟分析,以建筑周边场地以及既有建筑为边界前提条件,确定满足建筑物最低日照标准的最大形体与高度,并结合建筑节能和经济成本权衡分析。

③建筑风环境具有多变性和随机性的特点,设计应在充分分析场地风环境、运用计算机模拟风洞技术的基础上,创造避风环境,优化调整建筑长宽高比例,使建筑迎风面压力合理分布,选择合适的风速区域,对高层和超高层建筑尤应考虑风压特殊性及防风、防雨措施。夏热冬冷和夏热冬暖地区宜通过改变建筑形体如合理设计底层架空或空中花园,来改善后排住宅的通风。

④建筑造型宜与隔声降噪有机结合,设计时应采用主动方式,灵活利用建筑裙房或底层凸出设计等方式遮挡沿路交通的噪声,或充分利用自然生态,结合其他技术手段来控制、降低噪声。

(二)布局与风环境的关系

人们心理和生理上都需要户外活动,即使在炎热的夏季,人们也不能始终待在空调房间,良好的风环境对于户外活动有着重要的意义。在特定的城市环境条件下,建筑单体存在于居住区的整体之中,它的室内热舒适性就很大程度地受到小区整体风环境的影响。良好的室外风环境能降低居住建筑室外的热积累,为居住空间的自然通风提供有利条件。而不利的室外风在一定程度上会影响居住室外的热舒适性及室内的自然通风状况,进而影响室内的热舒适性。为了达到室内的热舒适性,居住者不得不利用现有的采暖空调手段,消耗一定的能源,同时也恶化室外的热舒适环境,如空调将热量排放到室外环境中,造成室外环境过热。因此,通过对居住小区整体风环境的改善,可以一定程度地降低居住者为了获取舒适的室内环境而消耗能源的时间或强度,从而减少居住建筑采暖空调所消耗的能源。

依据《绿色建筑评价标准》《民用建筑绿色设计规范》的要求,关于室外风环境设计主要有以下各主要原则和设计要点。

▶▶ 1. 舒适度指标

① 建筑周围行人区距地面 1.5 m 高度处的风速小于 5 m/s。

② 风速系数小于 2。

③ 冬季,保证除迎风面之外的建筑物前后压差不大于 5 Pa。

④ 夏季,建筑前后压差不小于 1.5 Pa。

⑤ 为保证夏季、过渡季节自然通风,住区出现漩涡和死角。

▶▶ 2. 气象数据分析

进行风环境模拟时宜采用风速风向联合概率密度作为依据,因此如果能够取得当地冬季、夏季和过渡季各季风速风向联合概率密度数据时,可选用此数据作为场地风环境典型气象条件。

▶▶ 3. 模拟分析

① 计算区域:建筑覆盖区域小于整个计算域面积 3%,以目标建筑为中心,半径 5H(高度)范围内为水平计算区域。

② 模型再现区域:目标建筑边界 H 范围内应以最大的细节要求再现。

③ 网格划分:建筑的每一边人行区 1.5 m 或 2 m 高度应划分十网格或以上;重点观测区域要在地面以上第三个网格和更高的网格以内。

④ 模拟前应进行网格质量的判定,宜根据网格偏斜度和纵横比等指标进行判断,如出现以下网格,则认为不可接受:

A. 高偏斜 Skewness(>0.98);

B. 高纵横比单元 Aspect Ratio(>100);

C. 负体积(negative volume)。

⑤ 给定求解控制参数,如流体的物性参数、湍流模型、迭代计算控制精度及输出频率等。应满足以下要求:

A. 室内外空气流动模拟宜采用 RNG k−e 模型;

B. 控制方程离散格式宜采用有限体积法中的 quick 或二阶迎风格式。

⑥ 入口边界条件:给定入口风速的分布(梯度风)进行模拟计算,有可能的情况入口的 k/ε 也应采用分布参数进行定义。

⑦ 地面边界条件:对于未考虑粗糙度的情况,采用指数关系式修正粗糙度带来的影响;对于实际建筑的几何再现,应采用适应实际地面条件的边界条件,对于

光滑壁面应采用对数定律。

⑧判断解的收敛性。应通过收敛残差、监控点的计算值及质量能量守恒等条件来判断结果是否收敛。能量方程的收敛残差应小于 1×10^{-6}，流动方程的收敛残差应小于 1×10^{-3}。当结果不收敛时，应修改边界条件、调整网格质量重新计算。

▶▶▶ 4. 冬季防风

（1）利用建筑隔阻冷风

即通过适当布置建筑物来降低风速。建筑间距在 1：2 的范围以内，可以充分起到阻挡风速的作用，保证后排建筑不处于前排建筑尾流风的漩涡区之中，避开寒风侵袭。合理设计屋檐、屋顶形状，高层建筑周围可设计低矮的附属建筑，使高速气流停留至低层部分的屋顶，建筑物周围人行区的风速应低于 5 m/s。

（2）设置风障

可以通过设置防风墙、板、防风带之类的挡风措施来阻隔冷风。以实体围墙作为阻隔措施时，应注意防止在背风面形成涡流。解决方法是在墙体上做引导气流向上穿透的百叶式孔洞，使小部分风由此流过，大部分的气流在墙顶以上空间流过。

（3）避开不利风向

应使主要开口部位和街道避开冬季主导风向。

▶▶▶ 5. 夏季或过渡季通风

①选择合理的朝向，南方地区宜选择朝南或偏南的方向，在整个布局区域结合日照情况进行微调。建筑物的主立面宜以一定夹角迎向过渡季和夏季主导风向，建筑面宽不宜过大。建筑高度＜24 m 时，其最大连续展开面宽的投影不应大于 80 m；24 m＜建筑高度＜60 m 时，其最大连续展开面宽的投影不应大于 70 m；建筑高度＞60 m 时，其最大连续展开面宽的投影不应大于 60 m。不同建筑高度组成的连续建筑，其最大连续展开面宽的投影上限值按较高建筑高度执行。

②建筑间距应该适当避开前面建筑的涡流区。使后面的建筑避开涡流区，将有利于组织风压通风。

③为了促进通风，建筑群布局应尽量采用行列式和自由式，从建筑防热的角度来看，行列式和自由式都能争取较好的朝向，使大多数房间能够获得良好的自然通风和日照，其中又以错列式和斜列式的布局较好。

三、朝向的选择

(一)设计原则及设计要点间

设计应在节约用地的前提下,满足冬季争取较多的日照、夏日避免过多日照,同时有利于自然通风的要求。当建筑处于不利朝向时,应做补偿设计。

①建筑朝向涉及当地气候条件、地理环境、建筑用地情况等,必须全面考虑,因地制宜地选择最佳朝向角度。

②建筑朝向与夏季主导季风方向宜控制在 $30°\sim60°$;应考虑可迎纳的局部地形风,例如海陆风等;为了尽量减少风压对房间气温的影响,建筑物尽量避免与当地冬季的主导风向发生正交。

③建筑朝向受各方面条件的制约,有时会出现部分建筑不能处于最佳或适宜朝向的状况。当建筑采取东西向和南北向拼接时,必须考虑两者接受日照的程度和相互遮挡的关系,此外对朝向不佳的建筑可增加以下补偿措施。

第一,将次要房间放在西面,适当加大西向房间的进深。

第二,在西边设置进深较大的阳台,避免西窗直晒,同时采用减小西窗面积、设遮阳设施、在西窗外种植枝繁叶茂的落叶乔木等措施。

第三,严格避免纯朝西户的出现,并组织好穿堂风,利用夜间通风带走室内余热。

(二)朝向与自然通风的关系

朝向直接决定了建筑中的风路是否通畅,是后期开窗优化、体形设计的基础,对自然通风而言至关重要,一般迎向当地主导风的朝向可以大大减小气流在室内的路径长度,有利于提高换气。但建筑整体的朝向所受限制较多,一般日照采光角度均以南向为好,规范中对医院、学校建筑的朝向都有专门的规定;此外还受到用地形状、周边道路与其他建筑的限制,因此专为通风而选择或改变建筑朝向较为困难。此外,还有很多文娱、商业及综合类公共建筑体量庞大,功能复杂,建筑造型呈集中式或中心对称式,没有明显的主要朝向。但在设计时应充分注意朝向对后期通风的关键作用,特别是办公建筑,受其他因素制约较少,应充分考虑有利于通风的建筑朝向;对于调整朝向困难的建筑,则应通过在合理的朝向位置上开窗组织风路。

第二章 装配式建筑常用材料

第一节 混凝土、钢筋与钢材

一、混凝土、水泥和砂等材料

(一)混凝土

》》1. 混凝土相关知识

(1)混凝土

简称砼,是由胶凝材料将集料胶结成整体的工程复合材料的统称。通常讲的混凝土一词是指用水泥作胶凝材料,碎石或卵石作粗骨料,砂作细骨料,与水、外加剂和掺合料等按一定比例配合,经搅拌而得的水泥混凝土,也称人造石。

砂、石在混凝土中起骨架作用,并抑制水泥的收缩;水泥和水形成水泥浆,包裹在粗细骨料表面并填充骨料间的空隙。水泥浆体在硬化前起润滑作用,使混凝土拌合物具有良好工作性能,硬化后将骨料胶结在一起,形成坚强的整体。

(2)混凝土质量要求

混凝土应搅拌均匀、颜色一致,具有良好的和易性。混凝土的坍落度应符合要求。冬期施工时,水、骨料加热温度及混凝土拌合物出机温度应符合相关规范要求。混凝土中氯化物和碱总含量应符合现行国家相关规范要求,以保证构件受力性能和耐久性。

(3)变形和耐久性

混凝土在荷载或温湿度作用下会产生变形,主要包括弹性变形、塑性变形、收缩和温度变形等。

耐久性是指在使用过程中抵抗各种破坏因素作用的能力,主要包括抗冻性、抗渗性、抗侵蚀性。耐久性的好与坏决定着混凝土工程寿命的长短。

▶▶ 2. 混凝土性能要求

(1)配合比

合理地选择原材料并确定其配合比例不仅能安全有效地生产出合格的混凝土产品,而且还可以达到经济实用的目的。一般来说,混凝土配合比的设计通常按水灰比、水胶比法则的要求进行。其中材料用量的计算主要采用假定容重法或绝对体积法。

①水胶比

混凝土水胶比的计算应根据试验资料进行统计,提出混凝土强度和水胶比的关系式,然后用作图法或计算法求出与混凝土配制强度相对应的水胶比。当采用多个不同的配合比进行混凝土强度试验时,其中一个应为基准配合比,其他配合比的水胶比,宜较基准配合比分别增加或减少 0.02~0.03。

②集料

每立方米碎石用量=混凝土每立方米的碎石用量(一般为 0.9~0.95 m³)×碎石松散容重(即碎石的密度,一般为 1.7~1.9 t/m³)。

砂率=砂的质量/(碎石质量+砂的质量),一般控制在 28%~36%范围内。

每立方砂用量=[碎石的质量/(1-砂率)]×砂率。

(2)和易性

流动性、黏聚性和保水性综合表示拌合物的稠度、流动性、可塑性、抗分层离析泌水的性能及易抹面性等,主要采用截锥坍落筒测定。

(3)强度

混凝土硬化后的最重要的力学性能是指混凝土抵抗压、拉、弯、剪等应力的能力。根据混凝土按标准抗压强度(以边长为 150 mm 的立方体为标准试件,在标准养护条件下养护 28 天,按照标准试验方法测得的具有 95%保证率的立方体抗压强度)划分的强度等级,称为标号,分为 C10、C15、C20、C25、C30、C35、C40、C45、C50、C55、C60、C65、C70、C75、C80、C85、C90、C95、C100 共 19 个等级。

①装配整体式混凝土结构中,预制构件的混凝土强度等级不宜低于 C30;现浇混凝土构件的强度等级不应低于 C25;预制预应力构件混凝土的强度等级不宜低于 C40。

②有抗震设防要求的装配式结构的混凝土强度等级要求:剪力墙不宜超过 C60;其他构件不宜超过 C70;一级抗震等级的框架梁、柱及节点不应低于 C30;其他各类结构构件不应低于 C20。

装配整体式结构预制构件后浇节点处的混凝土宜采用普通硅酸盐水泥配制,

其强度等级应比预制构件强度等级提高一级,且不应低于 30MPa。

(二)水泥

▶▶1.基本要求

水泥宜采用不低于 42.5 级硅酸盐、普通硅酸盐水泥,进场前要求提供商出具水泥出厂合格证和质保单等,对其品种、级别、包装或散装仓号、出厂日期等进行检查,并按批次对其强度、安定性、凝结时间及其他必要的性能指标进行复验,其质量必须符合现行国家标准《硅酸盐水泥、普通硅酸盐水泥》的规定,出厂超过三个月的水泥应复试,水泥应存放在水泥库或水泥罐中,防止雨淋和受潮。

▶▶2.物理指标

(1)凝结时间

硅酸盐水泥初凝不小于 45 min,终凝不大于 390 min;普通硅酸盐水泥、矿渣硅酸盐水泥、火山灰质硅酸盐水泥、粉煤灰硅酸盐水泥和复合硅酸盐水泥初凝不小于 45 min,终凝不大于 600 min。

(2)安定性

沸煮法合格。

(3)细度

硅酸盐水泥和普通硅酸盐水泥细度以比表面积表示,不小于 300 m²/kg;矿渣硅酸盐水泥、火山灰质硅酸盐水泥、粉煤灰硅酸盐水泥和复合硅酸盐水泥以筛余表示,8/m 方孔筛筛余不大于 10% 或 45/m 方孔筛筛余不大于 30%。

(三)砂

按照加工方法的不同,砂分为天然砂、机制砂、混合砂(天然砂与机制砂按照一定比例混合而成)。

▶▶1.天然砂

天然砂为自然形成的,粒径小于 5 mm 的岩石颗粒。

①混凝土使用的天然砂宜选用细度模数为 2.3～3.0 的中粗砂。

②进场前要求供应商出具质保单,使用前要对砂的含水、含泥量进行检验,并用筛选分析试验对其颗粒级配及细度模数进行检验。其质量应符合现行行业标

准《普通混凝土用砂、石质量及检验方法标准》(JGJ 52)的规定。

③砂的质量要求。

砂的粗细程度按细度模数 μf 分为粗、中、细、特细四级,其范围应符合以下规定:粗砂 $\mu f = 3.7 \sim 3.1$,中砂 $\mu f = 3.0 \sim 2.3$,细砂 $\mu f = 2.2 \sim 1.6$,特细砂 $\mu f = 1.5 \sim 0.7$。

④对于长期处于潮湿环境的重要混凝土结构用砂,应采用砂浆棒(快速法)或砂浆长度法进行骨料的碱活性检验。

经上述检验判断为有潜在危害时,应控制混凝土中的碱活性检验,控制混凝土中的碱含量不超过 3kg/m³,或采用能抑制碱—骨料反应的有效措施。

▶▶ 2. 机制砂

①机制砂是通过机械破碎后,由制砂机等设备破碎、筛分而成,粒径小于 50 mm 的岩石颗粒,具有成品规则的特点。机制砂应符合现行国家标准《建筑用砂》的规定。

②机制砂的原料:机制砂的制砂原料通常用花岗岩、玄武岩、河卵石、鹅卵石、安山岩、流纹岩、辉绿岩、闪长岩、砂岩、石灰岩等品种。其制成的机制砂按岩石种类区分,有强度和用途的差异。

③机制砂的要求:机制砂的粒径在 4.75～0.15 mm 之间,对小于 0.075 mm 的石粉有一定的比例限制。其粒级分为:4.75、2.36、1.18、0.60、0.30、0.15。粒级最好要连续,且每一粒级要有一定的比例,限制机制砂中针片状的含量。

④机制砂的规格:机制砂的规格按细度模数分为粗、中、细、特细四种。

粗砂的细度模数为:3.7～3.1,平均粒径为 0.5 mm 以上。

中砂的细度模数为 3.0～2.3,平均粒径为 0.5～0.35 mm。

细砂的细度模数为 2.2～1.6,平均粒径为 0.35～0.25 mm。

特细砂的细度模数为:1.5～0.7,平均粒径为 0.25 mm 以下。

⑤机制砂的等级和用途。

等级:机制砂的等级按其技能需求分为Ⅰ、Ⅱ、Ⅲ三个等级。

用途:Ⅰ类砂适用于强度等级大于 C60 的混凝土,Ⅱ类砂适用于强度等级 C30～C60 及有抗冻、抗渗或其他要求的混凝土,Ⅲ类砂适用于强度等级小于 C30 的混凝土与构筑砂浆。

⑥机制砂的主要检验项目有表观相对密度、坚固性、含泥量、砂当量、亚甲蓝值、棱角性等。

（四）石子

》》1. 石子的选用

石子宜选用 5～25 mm 碎石，混凝土用碎石应采用反击破碎石机加工。

》》2. 进场前要求提供商出具质保单

卸货后用肉眼观察石子中针片状颗粒含量。使用前要对石子的含水、含泥量进行检验，并用筛选分析试验对其颗粒级配进行检验，其质量应符合现行行业标准《普通混凝土用砂、石质量及检验方法标准》的规定。

（五）外加剂

外加剂品种应通过试验室进行试配后确定，进场前要求提供商出具合格证和质保单等。目前常用外加剂有高性能减水剂、高效减水剂、普通减水剂、引气减水剂、泵送剂、早强剂、缓凝剂、引气剂、膨胀剂、抗冻剂、抗渗剂等。

外加剂产品品质应均匀、稳定。为此，应根据外加剂品种，定期选测下列项目：固体含量或含水量、pH、比重、密度、松散容重、表面张力、起泡性、氯化物含量、主要成分含量（如硫酸盐含量、还原糖含量、木质素含量等）、钢筋锈蚀快速试验、净浆流动度、净浆减水率、砂浆减水率、砂浆含气量等。其质量应符合现行国家标准《混凝土外加剂》的规定。

（六）粉煤灰

粉煤灰应符合现行国家标准《用于水泥和混凝土中粉煤灰》中的Ⅰ级或Ⅱ级各项技术性能及质量指标，粉煤灰进场前要求提供商出具合格证和质保单等，按批次对其细度等进行检验。

二、钢筋与钢材

（一）钢筋

》》1. 概念

钢筋是指钢筋混凝土用和预应力钢筋混凝土用钢材，包括光圆钢筋、带肋钢筋、扭转钢筋。

▶▶ 2. 钢筋混凝土用钢筋

钢筋混凝土用钢筋是指钢筋混凝土配筋用的直条或盘条状钢材,交货状态为直条和盘圆两种。

▶▶ 3. 钢筋性能指标

①钢筋应无有害的表面缺陷,按盘卷交货的钢筋应将头尾有害缺陷部分切除。钢筋表面不得有横向裂纹、结疤和折痕,允许有不影响钢筋力学性能和连接的其他缺陷。

②钢筋的弯曲度不得影响正常使用,钢筋每米弯曲度不应大于 4 mm,总弯曲度不大于钢筋总长度的 0.4%。钢筋的端部应平齐,不影响连接器的通过。弯芯直径弯曲 180 度后,钢筋受弯曲部位表面不得产生裂纹。

③构件连接钢筋采用套筒灌浆连接和浆锚搭接连接时,应采用热轧带肋钢筋。预制构件的吊环应采用未经冷加工的 HPB300 级钢筋制作。

④当预制构件中采用钢筋焊接网片配筋时,应符合现行行业标准《钢筋焊接网混凝土结构技术规程》的规定。

(二)钢材

①钢材一般采用普通碳素钢。其中最常用的 Q235 低碳钢,其屈服点为 235 MPa,抗拉强度为 375~500 MPa。Q345 低合金高强度钢,其塑性、焊接性良好,屈服强度为 345 MPa。

②预制构件吊装用内埋式螺母或吊杆及配套的吊具,应符合现行国家标准的规定。

③预埋件锚板用钢材应采用 Q235、Q345 级钢,钢材等级不应低于 Q235B;钢材应符合现行国家标准《碳素结构钢》的规定。预埋件的锚筋应采用未经冷加工的热轧钢筋制作。

④装配整体式混凝土结构中,应积极推广使用高强度钢筋。预制构件纵向钢筋宜使用高强度钢筋,或将高强度钢材用于制作承受动荷载的金属结构件。

(三)焊接材料

①手工焊接用焊条质量,应符合现行国家标准《碳钢焊条》《低合金钢焊条》的

规定。选用的焊条型号应与主体金属相匹配。

②自动焊接或半自动焊接采用的焊丝和焊剂，应与主体金属强度相适应，焊丝应符合《熔化焊用钢丝》或《气体保护焊用钢丝》的规定。

③锚筋（HRB400 级钢筋）与锚板（Q235B 级钢）之间的焊接，可采用 T50X型。Q235B 级钢之间的焊接可采用 T42 型。

第二节　常用模板及支撑材料

一、木模板、木方

（一）模板和木方

所用模板为 12 mm 或 15 mm 厚竹、木胶板，木方的含水率不大于 20％。霉变、虫蛀、腐朽、劈裂等不符合一等材质木方不得使用。

木材材质标准符合现行国家标准《木结构设计规范》的规定。

（二）木脚手板

选用 50 mm 厚的松木质板，其材质符合现行国家标准《木结构设计规范》中对 Ⅱ 级木材的规定。木脚手板宽度不得小于 200 mm；两头须用 8♯铅丝打箍；腐朽、劈裂等不符合一等材质的脚手板禁止使用。

（三）垫板

垫板采用松木制成的木脚手板，厚度 50 mm，宽度 200 mm，板面挠曲≤12 mm，板面扭曲≤5 mm，不得有裂纹。

二、钢模板

①钢材的选用采用现行国家标准《碳素结构钢》（GB 700）中的相关标准。一般采用 Q235 钢材。

②模板必须具备足够的强度、刚度和稳定性，能可靠地承受施工过程中的各种荷载，保证结构物的形状尺寸准确。模板设计中考虑的荷载为：

第一,计算强度时考虑:浇筑混凝土对模板的侧压力＋倾倒混凝土时产生的水平荷载＋振捣混凝土时产生的荷载。

第二,验算刚度时考虑:浇筑混凝土对模板的侧压力＋振捣混凝土时产生的荷载。

第三,钢模板加工制作允许偏差。

钢模加工宜采用数控切割,焊接宜采用二氧化碳气体保护焊。

模板接触面平整度、板面弯曲、拼装缝隙、几何尺寸等应满足相关设计要求,允许偏差及检验方法应符合相关标准规定。

三、钢管及配件

(一)钢管

①选用 $\Phi48.3$ mm×3.6 mm 焊接钢管,并符合《直缝电焊钢管》或《低压流体输送用焊接钢管》中规定的 Q235－A 级钢,其材性应符合《碳素结构钢》的相应规定,用于立杆、横杆、剪刀撑和斜杆的长度为 4.0～6.0 m。

②报废标准:钢管弯曲、压扁、有裂纹或严重锈蚀。

③安全色:防护栏杆为红白相间色。

(二)扣件

①扣件采用机械性能不低于 KTH330－08 的可锻铸铁或铸钢制造,并应满足《钢管脚手架扣件》的规定。铸件不得有裂纹、气孔。

②扣件与钢管的贴合面必须严格整形,保证与钢管扣紧时接触良好,当扣件夹紧钢管时,开口外的最小距离不小于 5 mm。

扣件活动部位能灵活转动,旋转扣件的两旋转面间隙小于 1 mm。扣件表面进行防锈处理。

扣件螺栓拧紧扭力矩值不应小于 40 N·m,且不应大于 65 N·m。

(三)U 形托撑

力学指标必须符合规范要求。U 形可调托撑受压承载力设计值不小于 40 kN,支托板厚度不小于 5 mm。螺杆外径不得小于 36 mm,直径与螺距应符合现行国家标准《梯形螺纹第 2 部分:直径与螺距系列》和《梯形螺纹第 2 部分:直径与螺距系列》的规定。螺杆与支托板焊接应牢固,焊缝高度不得小于 6 mm,螺杆与螺母旋合长度不得少于 5 扣,螺母厚度不得小于 30 mm。

(四)钢管脚手架系统的检查与验收

钢管应有产品质量合格证并符合相关规范规定要求,扣件的质量应符合相关规定的使用要求,木脚手板的宽度不宜小于 200 mm,厚度不小于 50 mm,可调托撑及构配件质量应符合规范要求。

▶▶ 1. 新钢管的检查规定

①应有产品质量合格证。

②应有质量检验报告,钢管材质检验方法符合现行国家标准《金属拉伸试验方法》的有关规定。

③钢管质量符合现行行业标准《建筑施工扣件式钢管脚手架安全技术规范》中 3.1.1 的规定。

④钢管表面应平直光滑,不得有裂缝、结疤、分层、错位、硬弯、毛刺、压痕和深的划道。

▶▶ 2. 旧钢管的检查规定

①表面锈蚀深度符合《建筑施工扣件式钢管脚手架安全技术规范》的规定。

②检查时在锈蚀严重的钢管中抽取三根,在每根锈蚀严重的部位横向截断取样检查,当锈蚀深度超过规定值时不得使用。

③钢管弯曲变形符合允许偏差的规定。

▶▶ 3. 扣件的验收规定

①新扣件应有生产许可证法定检测单位的测试报告和产品质量合格证,当对扣件质量有怀疑时,按现行国家标准《钢管脚手架扣件》的规定抽样检测。

②旧扣件使用前应进行质量检查,有裂缝变形的严禁使用,出现滑丝的螺栓必须更换。

③新旧扣件均进行防锈处理。

④螺栓拧紧扭力矩达到 65 N·m 时,不得发生破坏。

▶▶ 4. 木脚手板的检查规定

木脚手板的宽度不宜小于 200 mm,厚度不小于 50 mm,腐朽的脚手板不得使用。

▶▶ 5. 可调托撑

可调托撑外径不得小于 36 mm;螺杆与支托板焊接应牢固,焊缝高度不得小于 6 mm;可调托撑螺杆与螺母旋合长度不得少于 5 扣,螺母厚度不得小于 30 mm;可调托撑受压承载力设计值不应小于 40 kN,支托板厚度不应小于 5 mm。

四、独立钢支撑、斜撑

(一)主要构配件

①独立钢支柱支撑系统由独立钢支柱支撑、水平杆或三脚架组成。

独立钢支柱支撑由插管、套管和支撑头组成,分为外螺纹钢支柱和内螺纹钢支柱。套管由底座、套管、调节螺管和调节螺母组成。插管由开有销孔的钢管和销栓组成。支撑头可采用板式顶托或 U 形托撑。

②连接杆宜采用普通钢管,钢管应有足够的刚度。三脚架宜采用可折叠的普通钢管制作,应具有足够的稳定性。

(二)材料要求

①插管、套管应符合现行国家标准《直缝电焊钢管》低压流体输送用焊接钢管中的 Q235B 或 Q345 级普通钢管的要求,其材质性能应符合现行国家标准《碳素结构钢》或《低合金高强度结构钢》的规定。

插管规格宜为 Φ48.3 mm×2.6 mm,套管规格宜为 Φ57 mm×2.4 mm,钢管壁厚(t)允许偏差为±10%。插管下端的销孔宜采用 13 mm、间距 125 mm 的销孔,销孔应对称设置;插管外径与套管内径间隙应小于 2 mm;插管与套管的重叠长度不小于 280 mm。

②底座宜采用钢板热冲压整体成型,钢板性能应符合现行国家标准《碳素结

构钢》中 Q235B 级钢的要求,并经 600～650 ℃的时效处理。底座尺寸宜为 150 mm×150 mm,板材厚度不得小于 6 mm。

③支撑头宜采用钢板制造,钢板性能应符合现行国家标准《碳素结构钢》中 Q235B 级钢的要求。支撑头尺寸宜为 150 mm×l50 mm,板材厚度不得小于 6 mm。支撑头受压承载力设计值不应小于 40 kN。

④调节螺管规格应不小于 57 mm×3.5 mm,应采用 20 号无缝钢管,其材质性能应符合现行国家标准《结构用无缝钢管》的规定。调节螺管的可调螺纹长度不小于 210 mm,孔槽宽度不应小于 13 mm,长度宜为 130 mm,槽孔上下应居中布置。

⑤调节螺母应采用铸钢制造,其材料机械性能应符合现行国家标准《一般工程用铸造碳钢件》中 ZG270－500 的规定。调节螺母与可调螺管啮合不得少于 6 扣,调节螺母高度不小于 40 mm,厚度应不小于 10 mm。

⑥销栓应采用镀锌热轧光圆钢筋,其材料性能应符合现行国家规范《钢筋混凝土用钢第 1 部分热轧光圆钢筋》的相关规定。销栓直径宜为 Φ12 mm,抗剪承载力不应小于 60 kN。

(三)质量要求

第一,构配件应由专业厂家负责生产。生产厂家应对构配件外观和允许偏差项目进行质量检查,并应委托具有相应检测资质的机构对构配件进行力学性能试验。

第二,构配件应按照现行国家标准《计数抽样检验程序第 1 部分:按接收限(AQL)检索的逐批检验抽样计划》的有关规定进行随机抽样。

第三,构配件外观质量应符合下列要求。

插管、套管应光滑、无裂纹、无锈蚀、无分层、无结疤、无毛刺等,不得采用横断面接长的钢管;插管、套管钢管应平直,直线度允许偏差不应大于管长的 1/500,两端应平整,不得有斜口、毛刺;各焊缝应饱满,焊渣应清除干净,不得有未焊透、夹渣、咬边、裂纹等缺陷。

构配件防锈漆涂层应均匀,附着应牢固,油漆不得漏、皱、脱、淌;表面镀锌的构配件,镀锌层应均匀一致。

主要构配件上应有不易磨损的标识,应标明生产厂家代号或商标、生产年份、产品规格和型号。

第三节 保温材料、拉接件和预留预埋件

一、保温材料

预制混凝土墙体保温形式主要有外保温、内保温和墙体自保温三种形式,其中夹心外墙板多采用挤塑聚苯板或聚氨酯保温板。

二、墙板保温拉接件

①墙板保温拉接件是用于连接预制保温墙体内、外层混凝土墙板,传递墙板剪力,以使内外层墙板形成整体的连接器。

②拉接件多选用纤维增强复合材料或不锈钢加工制成。夹心外墙板中,内外叶墙板的拉接件应符合下列规定。

第一,金属及非金属材料拉接件均应具有规定的承载力、变形和耐久性能,并应经过试验验证。拉接件应满足防腐和耐久性要求。

第二,拉接件应满足夹心外墙板的节能设计要求。

第三,不锈钢连接件的性能参照相关标准和试验数据,或参考相关国外技术标准。例如哈芬 SPA 夹芯板锚固件按照德国标准最小抗拉强度 800 MPa、最小抗压强度 480 MPa 进行检验。

三、预留预埋件

(一)预埋件

通常预埋件由锚板和锚筋(直锚筋、弯折锚筋)组成。

其中受力预埋件的锚筋多为 HRB400 或 HPB300 钢筋,很少采用冷加工钢筋。

预埋件的受力直锚筋不应少于四根,且不宜多于四排。其直径不应小于 8 mm,且不宜大于 25 mm。受剪切预埋件的直锚筋可采用两根。受力锚板的锚板宜采用 Q235、Q345 钢材。直锚筋与锚板应采用 T 形焊。

预埋件的锚筋位置应位于构件外层主筋的内侧。采用手工焊接时,焊缝高度

不应小于 6 mm 和 0.5d(HPB300 级)或 0.6d(HRB400 级)。

(二)吊环

传统吊环根据构件的大小、截面尺寸,确定在构件内的深入长度、弯折形式。吊环应采用 HPB300 级钢筋弯制,严禁使用冷加工钢筋。

吊环的弯心直径为 2.5d,且不得小于 60 mm。吊环锚入混凝土的深度不应小于 30 mm,并应焊接或绑扎在钢筋上。埋深不够时,可焊接在主筋上。

(三)新型预埋件

目前在预制构件中使用了大量的新型预埋件,例如圆形吊钉、内螺旋吊点、卡片式吊点等,具有隐蔽性强、后期处理简单等优点。但需通过专门的接驳器,才能与传统的卡环、吊钩连接使用。

使用前要根据构件的尺寸、重量,经过受力计算后,选择适合的吊点,确保使用安全。

(四)预留管线(盒)

叠合板中的预留:主要有上下水管、通风道等孔洞预留。

内外墙板中预留:主要是线盒、闸室、与现浇叠合层管线对接口等孔洞预留。

(五)其他要求

第一,预埋件的材料、品种、规格、型号应符合国家相关标准规定和设计要求。预埋件的防腐防锈应满足现行国家标准《工业建筑防腐蚀设计规范》和《涂装前钢材表面锈蚀等级和防锈等级》的规定。

第二,管线的材料、品种、规格、型号应符合国家相关标准规定和设计要求。

管线的防腐防锈应满足现行国家标准《工业建筑防腐蚀设计规范》和《涂装前钢材表面锈蚀等级和防锈等级》的规定。

第四节　钢筋连接套筒及灌浆料

一、钢筋连接套筒

(一)概念及分类

通过水泥基灌浆料的传力作用将钢筋对接连接所用的金属套筒称为钢筋连接套筒,通常采用铸造工艺或者机械加工工艺制造。

装配整体式混凝土结构中构件连接使用的钢筋连接套筒,一般分为全灌浆连接套筒、半灌浆连接套筒;还有异型套筒,如变直径钢筋连接套筒等。

全灌浆连接套筒上下两端均为插入钢筋灌浆连接;半灌浆套筒一端为直螺纹套丝连接,一端为插入钢筋灌浆连接。其中半灌浆套筒具有体积相对较小、价格较低的优点。

(二)套筒标志标识

套筒表面应刻印清晰、持久性标志,标志应至少包括厂家代号、套筒类型代号、特性代号、主参数代号及可追溯材料性能的生产批号等信息。套筒批号应与原材料检验报告、发货凭单、产品检验记录、产品合格证等记录相对应。

套筒的型号主要由类型代号、特征代号、主参数代号和产品更新变形代号组成。

(三)要求

▶▶ **1.一般规定**

①套筒应按设计要求进行生产,规格、型号、尺寸及公差应在按要求备案的企业标准中规定。

②套筒与钢筋组成的连接接头是承载受力构件,不可作为导电、传热的物体使用。

③套筒最大应力处的套筒屈服承载力和受拉承载力的标准值不应小于被连

接钢筋的屈服承载力和受拉承载力标准值的 1.1 倍。

④套筒长度应根据试验确定,且灌浆连接端钢筋锚固长度不宜小于 8 倍钢筋直径,套筒中间轴向定位点两侧应预留钢筋安装调整长度,预制端不应小于 10 mm,现场装配端不应小于 20 mm。

⑤套筒出厂前应有防锈措施。

▶▶ 2. 材料性能

①套筒采用铸造工艺制造时宜选用球墨铸铁,套筒采用机械加工工艺制造时宜选用优质碳素结构钢、低合金高强度结构钢、合金结构钢或其他经过检验确定符合要求的钢材。

②采用球墨铸铁制造的套筒,材料应符合 GB/T 1348 的规定。

▶▶ 3. 外观

①铸造的套筒表面不应有夹渣、冷隔、砂眼、气孔、裂纹等影响使用性能的质量缺陷。

②机械加工的套筒表面不得有裂纹或影响接头性能的其他缺陷,套筒端面和外表面的边棱处应无尖棱、毛刺。

③套筒外表面应有清晰醒目的生产企业标识、套筒型号标志和套筒批号。

④套筒表面允许有少量的锈斑或浮锈,不应有锈皮。

▶▶ 4. 连接接头性能

套筒形成接头的抗拉强度和变形性能应符合 JGJ 107 中 Ⅰ 级接头的规定。

▶▶ 5. 接头制作

①制作接头试件前,应将钢筋、套筒、灌浆材料、拌和水、辅助机具等材料备齐。

②半灌浆套筒的接头应首先将套筒螺纹连接端与钢筋进行连接。

③对于每种型式、级别、规格、材料、工艺的钢筋连接灌浆接头,其型式检验试件不应少于 9 个,同时应另取 3 根钢筋试件做抗拉强度试验。全部试件用钢筋均应在同一根钢筋上截取。截取钢筋的长度应满足检测设备的要求,在待连接钢筋上按设计锚固长度做检查标志。

④进行灌浆连接时,应先将套筒按工程应用的方向进行固定,且套筒灌浆腔

端口应设有防止浆料漏出的密封件,然后将灌浆连接钢筋沿套筒的轴线插入套筒灌浆腔,钢筋插入的深度达到要求后,将钢筋固定。

⑤按照灌浆材料的技术要求,将灌浆材料与定量的水混合,快速搅拌均匀制成浆料,静置1～2分钟,然后把浆料用专用的灌浆机具从灌浆孔处注入,直至浆料从连接套筒排浆孔处溢出,停止灌浆;按同样工序完成其他试件的灌浆。接头灌浆完成后,制作不少于3组(每组3块)的灌浆材料抗压强度检测试块。

⑥灌浆材料完全凝固后,取下接头试件,与灌浆材料抗压强度检测试块一起置于标准养护环境下养护28天。保养到期后进行接头试验前,应先进行1组灌浆料抗压强度的试验,灌浆料抗压强度达到接头设计要求时方可进行接头型式检验。若材料养护试件不足28天而灌浆料试块的抗压强度达到设计要求时,也可以进行接头型式检验。

》》6.检验规则

套筒检验分为出厂检验和型式检验。

(1)出厂检验

①检验项目

检验项目应符合规定。

②组批规则

材料性能检验应以同钢号、同规格、同炉(批)号的材料作为一个验收批;套筒尺寸和外观应以连续生产的同原材料、同类型、同规格、同炉(批)号的1000个套筒为一个验收批,不足1000个套筒时仍可作为一个验收批。

③取样数量及取样方法

取样数量及取样方法应符合规定。对于尺寸及外观检验,连续10个验收批一次性检验均合格时,抽检比例可由10%调整为5%。

④判定规则

在材料性能检验中,若2个试样均合格,则该批套筒材料性能判定为合格;若有1个试样不合格,则需另外加倍抽样复检,复检全部合格时,则仍可判定该批套筒材料性能为合格;若复检中仍有1个试样不合格,则该批套筒材料性能判定为不合格。

在套筒尺寸及外观检验中,若套筒试样合格率不低于97%时,则该批套筒判定为合格。当低于97%时,应另外抽双倍数量的套筒试样进行检验,当合格率不低于97%时,则该批套筒仍可判定为合格;若仍低于97%时,则该批套筒应逐个检验,合格者方可出厂。

(2)型式检验

套筒的型式检验采用套筒和钢筋连接后的钢筋接头试件的形式进行。

①有下列情况之一时,一般应进行型式检验。

a.套筒产品定型时。

b.套筒材料、工艺、规格进行改动时。

c.型式检验报告超过 4 年时。

d.国家检验机构提出检验时。

②型式检验的检验项目、试件数量、检验方法和判定规则应符合 JGJ 107 的规定。

▶▶▶ 7. 标志、包装、运输和贮存

(1)标志

①套筒表面应刻印清晰、持久性标志,标志应至少包括厂家代号、套筒类型代号、特性代号、主参数代号及可追溯材料性能的生产批号等信息。套筒批号应与原材料检验报告、发货凭单、产品检验记录、产品合格证等记录相对应。

②套筒包装箱上应有明显的产品标志,标志内容包括以下几方面。

a.套筒产品名称。

b.执行标准。

c.规格型号。

d.数量。

e.重量。

f.生产批号。

g.生产日期。

h.生产厂家、地址和联系电话等。

(2)包装

①套筒包装应符合 GB/T 9174 的规定。套筒应用纸箱、塑料编织袋或木箱按规格、批号包装,不同规格、批号的套筒不得混装。通常情况下,采用纸箱包装,纸箱强度应保证运输要求,箱外应用足够强度的包装带捆扎牢固。

②套筒出厂时应附有产品合格证。产品合格证内容应包括以下几点。

a.产品名称。

b.套筒型号、规格。

c.适用钢筋强度级别。

d.生产批号。

e.材料牌号。

f.数量。

g.检验结论。

h.检验合格签章。

i.企业名称、邮编、地址、电话、传真。

③出口产品或特殊情况下,按订货商的要求进行包装和刻印标志。

④有较高防潮要求时,应用防潮纸将套筒逐个包裹后,装入木箱内。

（3）运输和贮存

①套筒在运输过程中应有防水、防雨措施。

②套筒应贮存在具有防水、防雨的环境中,并按规格型号分别码放。

二、灌浆料

钢筋连接用灌浆套筒灌浆料以水泥为基本材料,配以适当的细骨料以及混凝土外加剂和其他材料组成的干混料,加水搅拌后具有良好的流动性、早强、高强、微膨胀等性能。填充于套筒和带肋钢筋间隙之间,起到传递受力、握裹连接钢筋于同一点的作用。

套筒灌浆料应符合现行行业标准《钢筋连接用套筒灌浆料》的规定。钢筋套筒灌浆连接接头应符合现行行业标准《钢筋套筒灌浆连接应用技术规程》的规定。

第五节　外墙装饰材料及防水材料

一、外墙装饰材料

预制外墙板可采用涂料饰面,也可采用面砖或石材饰面。涂料和面砖等外装饰材料质量应满足现行相关标准和设计要求。

当采用面砖饰面时,宜选用背面带燕尾槽的面砖,燕尾槽尺寸应符合工程设计和相关标准要求。

当采用石材饰面时,对于厚度 30 mm 以上的石材,应对石材背面进行处理,并安装不锈钢卡勾,卡勾直径不应小于 40 mm。

二、外墙防水密封材料

外墙接缝材料防水密封对密封材料的性能有一定要求。用于板缝材料防水的合成高分子材料,主要品种有硅酮密封胶、聚硫建筑密封胶、丙烯酸酯建筑密封胶、聚氨酯建筑密封胶等几种。主要性能要求如下。

(一)较强黏结性能

与基层黏结牢固,使构件接缝形成连续防水层。同时要求密封胶用于竖缝部位时不下垂,用于平缝时能够自流平。

(二)良好的弹塑性

由于外界环境因素的影响,外墙接缝会随之发生变化,这就要求防水密封材料必须有良好的弹塑性,以适应外力的条件而不发生断裂、脱落等。

(三)较强的耐老化性能

外墙接缝材料要承受暴晒、风雪及空气中酸碱的侵蚀。这就要求密封材料要有良好的耐候性、耐腐蚀性。

(四)施工性能

要求密封胶有一定的储存稳定性,在一定期内不应发生固化,便于施工。

(五)装饰性能

防水密封材料还应具有一定的色彩,达到与建筑外装饰的一致性。

墙板接缝所用的防水密封材料应选用耐候性密封胶,密封胶应与混凝土具有兼容性,并具有低温柔性、防霉性及耐水性等性能,其最大伸缩变形量、剪切变形性等均应满足设计要求。其性能应满足现行国家标准《混凝土建筑接缝用密封胶》的规定。

硅酮、聚氨酯、聚硫建筑密封胶应分别符合现行国家标准《硅酮建筑密封胶》《聚氨酯建筑密封胶》《聚硫建筑密封胶》的规定。接缝中的背衬应采用发泡氯丁橡胶或聚乙烯塑料棒。

第三章 绿色建筑设计要素

信息时代的到来,知识经济和循环经济的发展,人们对现代化的向往与追求,赋予绿色节能建筑无穷魅力,发掘绿色建筑设计的巨大潜力是时代对建筑师的要求。绿色建筑设计是生态建筑设计,它是绿色节能建筑的基础和关键。在可持续发展和开放建筑的原则下,绿色建筑设计指导思想应遵循现代开放、端庄朴实、简洁流畅、动态亲民的建筑形象,从选址到格局,从朝向到风向,从平面到竖向,从间距到界面,从单体到群体,都应当充分体现出绿色的理念。

有工程实践证明,在倡导和谐社会的今天,怎样抓住绿色建筑设计要素,有效运用各种设计要素,使人类的居住环境体现出空间环境、生态环境、文化环境、景观环境、社交环境、健身环境等多重环境的整合效应,使人居环境品质更加舒适、优美、洁净,建造出更多节能并且能够改善人居环境的绿色建筑就显得尤为重要。

第一节 室内外环境及健康舒适性

一、室内外环境

绿色建筑是日渐兴起的一种自然、和谐、健康的建筑理念。意在追求自然、建筑和人三者之间的和谐统一,即在"以人为本"的基础上,利用自然条件和人工手段来创造一个舒适、健康的生活环境,同时又要控制对于自然资源的使用,实现自然索取与回报之间的平衡。因此,现在所说的绿色建筑,不仅要能提供安全舒适的室内环境,同时应具有与自然环境相和谐的良好的建筑外部环境。

室内外环境设计是建筑设计的深化,是绿色建筑设计中的重要组成部分。随着社会进步和人民生活水平的提高,建筑室内外环境设计在人们的生活中越来越重要。在人类文明发展至今的现代社会中,人类已不再只简单地满足于物质功能的需要,而是更多地追求是精神上的满足,所以在室内外环境设计中,我们必须一切围绕着人们更高的需求来进行设计,这就包括物质需求和精神需求。具体的室内外环境设计要素主要包括对建造所用材料的控制、对室内有害物质的控制、对室内热环境的控制、对建筑室内隔声的设计、对室内采光与照明设计、对室外绿地设计要求等。

二、健康舒适性设计

随着我国建设小康社会的全面展开,必将促进绿色住宅建设的快速发展。随着居住品质的不断提高,人们更加注重住宅的舒适性和健康性。因此,如何从规划设计入手来提高住宅的居住品质,达到人们期望的舒适性和健康性要求,应主要从以下几个方面着重设计。

(一)建筑规划设计注重利用大环境资源

在绿色建筑的规划设计中,合理利用大环境资源和充分节约能源,是可持续发展战略的重要组成部分,是当代中国建筑和世界建筑的发展方向。真正的绿色建筑要实现资源的循环。要改变单向的资源利用方式,尽量加以回收利用;要实现资源的优化合理配置,应该依靠梯度消费,减少空置资源,抑制过度消费,做到物显所值、物尽其用。

(二)具有完善的生活配套设施体系

回顾住宅建筑的发展历史,如今住宅建筑已经发生根本性的变化。第一代、第二代住宅只是简单地解决基本的居住问题,更多的是追求生存空间的数量;第三代、第四代住宅已逐渐过渡到追求生活空间的质量和住宅产品的品质;发展到第五代住宅已开始着眼于环境,追求生存空间的生态、文化环境。

当今时代,绿色住宅建筑生态环境的问题已得到高度的重视,人们更加渴望回归自然与自然和谐相处,生态文化型住宅正是在满足人们物质生活的基础上,更加关注人们的精神需要和生活方便,要求住宅具有完善的生活配套设施体系。

(三)绿色建筑应具有多样化住宅户型

随着国民经济的不断发展,住宅建设速度不断加快,人们的生活水平也在不断提高,不仅体现在住宅面积和数量的增长上,而且体现在住宅的性能和居住环境质量上,实现了从满足"住得下"的温饱阶段向"住得舒适"的小康阶段的飞跃,市场消费对住宅的品质甚至是细节提出了更高的要求。

住宅设计必须创新,必须满足各种各样的消费人群,用最符合人性的空间来塑造住宅建筑,使人在居住过程中能得到良好的身心感受,真正做到"以人为本""以人为核心",这就需要设计人员对住宅户型进行深入的调查和研究。家用电器的普遍化、智能化、大众化,家务社会化,人口老龄化以及"双休日"制度的实行等,使得整个社会居民的闲暇时间显著增加。

由于工作制度的改变,居民有更多的时间待在家中,在家进行休闲娱乐活动的需求增多,因此对居住环境提出了更高的要求。如果提供的住宅户型能满足居民基本的生活需求的同时,更能满足他们休闲娱乐活动的需求以及其自我实现的需求,对居住在集合性住宅中的居民来说是非常重要的。信息技术的飞速发展与网络的兴起,改变了人们的生活观念,人们的生活方式日趋多样化,对于户型的要求也变得越来越多样化,因而对于户型多样化设计的研究也就越发地显得急迫。

根据我国城乡居民的基本情况,住宅应针对不同经济收入、结构类型、生活模式、不同职业、文化层次、社会地位的家庭提供相应的住宅套型。同时,从尊重人性出发,对某些家庭(如老龄人和残疾人)还需提供特殊的套型,设计时应考虑无障碍设施等。当老龄人集居时,还应配备医务、文化活动、就餐以及急救等服务性设施。

(四)建筑功能的多样化和适应性

所谓建筑功能,是指建筑在物质方面和精神方面的具体使用要求,也是人们设计和建造建筑达到的目的。不同的功能要求产生了不同的建筑类型,如工厂为了生产,住宅为了居住、生活和休息,学校为了学习,影剧院为了文化娱乐,商店为了商品交易等等。随着社会的不断发展和物质文化生活水平的提高,建筑功能将日益复杂化、多样化。

创建社会主义和谐社会,一个重要基础就是人民能够安居乐业。党和政府把住宅建设看成是社会主义制度优越性的具体体现,指出提高人民生活水平首要任务是提高人们的居住水平。

(五)建筑室内空间的可改性

住宅方式、公共建筑规模、家庭人员和结构是不断变化的,生活水平和科学技术也在不断提高,因此,绿色住宅具有可改性是客观的需要,也是符合可持续发展的原则。可改性首先需要有大空间的结构体系来保证,例如大柱网的框架结构和板柱结构、大开间的剪力墙结构;其次应有可拆装的分隔体和可灵活布置的设备与管线。

结构体系常受施工技术与装备的制约,需因地制宜来选择,一般可选用结构不太复杂,而又可适当分隔的结构体系。轻质分隔墙虽已有较多产品,但要达到住户自己动手,既易拆卸又能安装的要求,还需进一步研究其组合的节点构造。住宅的可改性最难的是管线的再调整,采用架空地板或吊顶都需较大的经济投入。厨房卫生间是设备众多和管线集中的地方,可采用管井和设备管道墙等,使之能达到灵活性和可改性的需要。对于公共空间可以采取灵活的隔断,使其具有较大的可塑性。

第二节　安全可靠性及耐久适用性

一、安全可靠性

绿色建筑工程作为一种特殊的产品,除了具有一般产品共有的质量特性,如性能、寿命、可靠性、安全性、经济性等满足社会需要的使用价值及属性外,还具有特定的内涵,如与环境的协调性、节地、节水、节材等。安全性是指建筑工程建成后在使用过程中保证结构安全、保证人身和环境免受危害的程度。可靠性是指建筑工程在规定的时间和规定的条件下完成规定功能的能力。安全性和可靠性是绿色建筑工程最基本的特征,其实质是以人为本,对人的安全和健康负责。

(一)确保选址安全的设计措施

现行国家标准《绿色建筑评价标准》中规定,绿色建筑建设地点的确定,是决定绿色建筑外部大环境是否安全的重要前提。建筑工程设计的首要条件是对绿色建筑的选址和危险源的避让提出要求。

众所周知,洪灾、泥石流等自然灾害,对建筑场地会造成毁灭性破坏。据有关资料显示,主要存在于土壤和石材中的氡是无色无味的致癌物质,会对人体产生极大伤害。电磁辐射对人体有两种影响:一是电磁波的热效应,当人体吸收到一定量的时候就会出现高温生理反应,最后导致神经衰弱、白细胞减少等病变;二是电磁波的非热效应,当电磁波长时间作用于人体时,就会出现如心率、血压等生理改变和失眠、健忘等生理反应,对孕妇及胎儿的影响较大,后果严重者可以导致胎儿畸形或者流产。电磁辐射无色无味无形,可以穿透包括人体在内的多种物质,人体如果长期暴露在超过安全的辐射剂量下,细胞就会被大面积杀伤或杀死,并产生多种疾病。能制造电磁辐射污染的污染源很多,如电视广播发射塔、雷达站、通信发射台、变电站、高压电线等。此外,如油库、煤气站、有毒物质车间等均有发生火灾、爆炸和毒气泄漏的可能。

为此,建筑在选址的过程中首先必须考虑到基地情况,最好仔细查看历史上相当长一段时间有无地质灾害的发生;其次,经过实地勘测地质条件,准确评价适合的建筑高度。总而言之,绿色建筑选址必须符合国家相关的安全规定。

(二)确保建筑安全的设计措施

从事建筑结构设计的基本目的是在一定的经济条件下,赋予结构以适当的安全度,使结构在预定的使用期限内,能满足所预期的各种功能要求。一般来说,建筑结构必须满足的功能要求如下:能承受在正常施工和使用时可能出现的各种作用,且在偶发事件中,仍能保持必需的整体稳定性,即建筑结构需具有的安全性;在正常使用时具有良好的工作性能,即建筑结构需具有的适用性;在正常维护下具有足够的耐久性。因此可知安全性、适用性和耐久性是评价一个建筑结构可靠(或安全)与否的标志,总称为结构的可靠性。

建筑结构安全直接影响建筑物的安全,结构不安全会导致墙体开裂、构件破坏、建筑物倾斜等,严重时甚至发生倒塌事故。因此,在进行建筑工程设计时,必须采用确保建筑安全的设计措施。

(三)考虑建筑结构的耐久性

完善建筑结构的耐久性与安全性,是建筑结构工程设计顺利健康发展的基本要求,充分体现在建筑结构的使用寿命和使用安全及建筑的整体经济性等方面。在我国建筑结构设计中,结构耐久性不足已成为最现实的一个安全问题。现在主要存在这样的倾向:设计中考虑强度较多,而考虑耐久性较少;重视强度极限状态,而不重视使用极限状态;重视新建筑的建造,而不重视旧建筑的维护。所谓真正的建筑结构"安全",应包括保证人员财产不受损失和保证结构功能的正常运行,以及保证结构有修复的可能,即所谓的"强度""功能"和"可修复"三原则。

我国建筑工程结构的设计与施工规范,重点放在各种荷载作用下的结构强度要求,而对环境因素作用(如气候、冻融等大气侵蚀以及工程周围水、土中有害化学介质侵蚀等)下的耐久性要求则相对考虑较少。混凝土结构因钢筋锈蚀或混凝土腐蚀导致的结构安全事故,其严重程度已远大于因结构构件承载力安全水准设置偏低所带来的危害。因此,建筑结构的耐久性问题必须引起足够的重视。

(四)增加建筑施工安全生产执行力

所谓安全生产执行力,指的是贯彻战略意图,完成预定安全目标的操作能力,这是把企业安全规划转化成为实践成果的关键。安全生产执行力包含完成安全任务的意愿,完成安全任务的能力,完成安全任务的程度。强化安全生产执行力,主要应注意以下几个方面:①完善施工安全生产管理制度。②加强建筑工程的安全生产沟通。③反馈是建筑工程安全生产的保障。④将建筑工程安全生产形成激励机制。

(五)建筑运营过程的可靠性保障措施

建筑工程在运营的过程中,不可避免地会出现建筑物本体损害、线路老化及有害气体排放等,如何保证建筑工程在运营过程的安全与绿色化,是绿色建筑工程的重要内容之一。建筑工程运营过程的可靠性保障措施,具体包括以下几个方面。

第一,物业管理公司应制定节能、节水、节地、节材与绿化管理制度,并严格按照管理制度实施。

第二,在建筑工程的运营过程中,会产生大量的废水和废气,对室内外环境产生一定的影响。为此,需要通过选用先进、适用的设备和材料或其他方式,通过合理的技术措施和排放管理手段,杜绝建筑工程运营中废水和废气的不达标排放。

第三,由于建筑工程中设备、管道的使用寿命普遍短于建筑结构的寿命,因此各种设备、管道的布置应方便将来的维修、改造和更换。在一般情况下,可通过将管井设置在公共部位便于维修等其他措施,减少对用户的干扰。属公共使用功能的设备、管道应设置在公共部位,以便于日常的维修与更换。

第四,为确保建筑工程安全、高效运营,应设置合理、完善的建筑信息网络系统,能顺利支持通信和计算机网的应用,并且运行安全可靠。

二、耐久适用性

耐久适用性是对绿色建筑工程最基本的要求之一。耐久性是材料抵抗自身和自然环境双重因素长期破坏作用的能力,绿色建筑工程的耐久性是指在正常运行维护和不需要进行大修的条件下,绿色建筑物的使用寿命满足一定的设计使用年限要求,并且不发生严重的风化、老化、衰减、失真、腐蚀和锈蚀等。适用性是指结构在正常使用条件下能满足预定使用功能要求的能力,绿色建筑工程的适用性是指在正常运行维护和不需要进行大修的条件下,绿色建筑物的功能和工作性能满足建造时的设计年限的使用要求等。

(一)建筑材料的可循环使用设计

现代建筑是能源及材料消耗的重要组成部分,随着地球环境的日益恶化和资源日益减少,保持建筑材料的可持续发展,提高建筑资源的综合利用率已成为社会普遍关注的课题。目前,我国对建筑材料资源可循环利用的研究已取得突破性成绩,但仍存在技术及社会认同等方面的不足,与发达国家相比在该领域还存在差距。这些年来我国城市建设繁荣的背后,暗藏着巨大的浪费,同时存在着材料资源短缺、循环利用率低的问题,因此,加强建筑材料的循环利用已成为当务之急。

(二)充分利用尚可使用的旧建筑

"尚可使用的旧建筑"系指建筑质量能保证使用安全的旧建筑,或通过少量改造加固后能保证使用安全的旧建筑。对旧建筑的利用,可根据规划要求保留或改变其原有使用性质,并纳入规划建设项目。工程实践证明,充分利用尚可使用的旧建筑,不仅是节约建筑用地的重要措施之一,而且也是防止大拆乱建的控制条件。

在中国特定的城市化历史背景下,构筑产业类历史建筑及地段保护性改造再利用的理论架构,经由实践层面的物质性实证研究,提出具有技术针对性的改造设计方法,无疑具有重要的理论意义且极富现实价值的应用前景。

(三)绿色建筑工程的适应性设计

我国的城市住宅正经历着从增加建造数量到提高居住质量的战略转移,提高住宅的设计水平和适应性是实现这个转变的关键。住宅适应性设计是指在保持住宅基本结构不变的前提下,通过提高住宅的功能适应能力,来满足居住者不同的和变化的居住需要。

适应性运用于绿色建筑设计,是以一种顺应自然、与自然合作的友善态度和面向未来的超越精神,合理地协调建筑与人、建筑与社会、建筑与生物、建筑与自然环境的关系。在时代不停发展过程中,建筑要适应人们陆续提出的使用需求,这在设计之初、使用过程以及经营管理中是必须注意的。保证建筑的耐久性和适应性，要做到两个方面：一是保证建筑的使用功能并不与建筑形式挂死，不会因为丧失建筑原功能而使建筑被废弃；二是不断运用新技术、新能源改造建筑，使之能不断地满足人们生活的新需求。

第三节　节约环保型及自然和谐性

一、节约环保型

近年来的实践证明，节约环保是绿色建筑工程的基本特征之一。这是一个全方位、全过程的节约环保的概念，主要包括用地、用能、用水、用材等的节约与环境保护，这也是人、建筑与环境生态共存和节约环保型社会建设的基本要求。

（一）建筑用地节约设计

土地是关系国计民生的重要战略资源，耕地是广大农民赖以生存的基础。我国土地资源总量丰富但人均较少，随着经济的发展和人口的增加，土地资源短缺的形势将越来越严峻。城市住宅建设不可避免地占用大量土地，而土地问题也往往成为城市发展的制约因素，如何在城市建设设计中贯彻节约用地理念，采取什么样的措施来实现节约用地，是摆在每个城市建设设计者面前的关键性问题，而这一问题在设计中经常被忽略或受重视程度不够。

要坚持城市建设的可持续发展，就必须加强对城市建设项目用地的科学管理。在项目的前期工作中采取各种有效措施对城市建设用地进行合理控制，不但有利于城市建设的全面发展，加快城市化建设步伐，更具有实现全社会全面、协调、可持续发展的深远意义。

（二）建筑节能方面设计

建筑节能是指在建筑材料生产、房屋建筑和建筑物施工及使用过程中，满足同等需要或达到相同目的的条件下，尽可能降低能耗。发展节能建筑是近些年来关注的重点。建筑节能实质上是利用自然规律和周围自然环境条件，改善区域环境微气候，从而实现节约建筑能耗。建筑节能设计主要包括两个方面内容：一是节约，即提高供暖（空调）系统的效率和减少建筑本身所散失的能源；二是开发，即开发利用新的能源。

建筑节能具体指在建筑物的规划、设计、新建(改建、扩建)、改造和使用过程中,执行节能标准,采用节能型的技术、工艺、设备、材料和产品,提高保温隔热性能和采暖供热、空调制冷制热系统效率,加强建筑物用能系统的运行管理,利用可再生能源,在保证室内热环境质量的前提下,增大室内外能量交换热阻,以减少供热系统、空调制冷制热、照明、热水供应因大量热消耗而产生的能耗。

建筑节能是关系到我国建设低碳经济、完成节能减排目标、保持经济可持续发展的重要环节之一。要想做好建筑节能工作、完成各项指标,我们需要认真规划、强力推进,踏踏实实地从细节抓起。全面的建筑节能是一项系统工程,必须由国家立法、政府主导,对建筑节能做出全面的、明确的政策规定,并由政府相关部门按照国家的节能政策,制定全面的建筑节能标准;要真正做到全面的建筑节能,还需要设计、施工、各级监督管理部门、开发商、运行管理部门、用户等各个环节,严格按照国家节能政策和节能标准的规定,全面贯彻执行各项节能措施,从而使每一位公民真正树立起全面的建筑节能观,将建筑节能真正落到实处。

(三)建筑用水节约设计

我国是一个严重缺水的国家,解决水资源短缺的主要办法有节水、蓄水和调水三种,而节水是三者中最可行和最经济的方式。节水主要有总量控制和再生利用两种手段。中水利用则是再生利用的主要形式,是缓解城市水资源紧缺的有效途径,是开源节流的重要措施,是解决水资源短缺的最有效途径,是缺水城市势在必行的重大决策。中水也称为再生水,是指污水经适当处理后,达到一定的水质指标,满足某种使用要求,可以进行有益使用的水。和海水淡化、跨流域调水相比,中水具有明显的优势。从经济的角度看,中水的成本最低;从环保的角度看,污水再生利用有助于改善生态环境,实现水生态的良性循环。

现代城市雨水资源化是一种新型的多目标综合性技术,是在城市排水规划过程中通过规划和设计,采取相应的工程措施,将汛期雨水蓄积起来并作为一种可用资源的过程。它不仅可以增加城市水源,在一定程度上缓解水资源的供需矛盾,还有助于实现节水、水资源涵养与保护、控制城市水土流失。雨水利用是城市水资源利用中重要的节水措施,具有保护城市生态环境和增进社会经济效益等多方面的意义。

（四）建筑材料节约设计

近年来,随着资源的日益减少和环境的不断恶化,材料和能源消耗量巨大的现代建筑面临的一个首要问题,是如何实现建筑材料的可持续发展,社会关注的一大课题是提高资源和能源的综合利用率。随着我国城市化进程的不断加快,我国的环境和资源正承受着越来越大的压力。根据有关资料,每年我国生产的多种建筑材料要消耗大量能源和资源,与此同时还要排放大量二氧化硫和二氧化碳等有害气体和各类粉尘。

目前我国的建筑垃圾处理问题、资源循环利用问题和资源短缺问题尤为严重。大拆大建的现象在现在多数城市建设中非常严重,建筑使用寿命低的问题更加突出。经济发达的国家在这方面比我们看得更远,在 20 世纪末就对节约建筑材料方面进行了大量研究,研究成果也在实践中得到广泛应用,社会普遍认同资源节约型建筑是一种可持续发展的环境观。比较成功的节约建材的经验主要有合理采用地方性建筑材料、应用新型可循环建筑材料、实现废弃材料的资源再利用等。

近年来,我国绿色建筑的实践充分证明,为片面追求美观而以巨大的资源消耗为代价,不符合绿色建筑中"节材"的基本理念。在绿色建筑的设计中首先应控制造型要素中没有功能作用的装饰构件的应用。其次,在建筑工程的施工过程中,应最大限度地利用建设用地内拆除的或其他渠道收集得到的旧建筑的材料,以及建筑施工和场地清理时产生的废弃物等,延长这些材料的使用期,达到节约原材料、减少废物量、降低工程投资、减少由更新所需材料的生产及运输对环境产生不良影响的目的。

二、自然和谐性

绿色建筑在全球的发展方兴未艾,其节能减排、可持续发展与自然和谐共生的卓越特性,使各国政府不遗余力地推动和推广绿色建筑的发展,也为世界贡献了一座座经典的建筑作品,其中很多都已成为著名的旅游景点,用实例向世人展示了绿色建筑的魅力。

绿色建筑是指在建筑的全寿命周期内,最大限度地节约资源(节能、节地、节水、节材)、保护环境和减少污染,为人们提供健康、适用和高效的使用空间,提供与自然和谐共生的建筑。

　　所谓"绿色建筑"的"绿色",并不是指一般意义的立体绿化、屋顶花园,而是代表一种先进的概念或现代的象征。绿色建筑是指建筑对环境无害,能充分利用环境自然资源,并且在不破坏环境基本生态平衡条件下建造的一种建筑,又可称为可持续发展建筑、生态建筑、回归大自然建筑、节能环保建筑等。

　　人与自然的关系主要表现在两个方面:一是人类对自然的影响与作用,包括从自然界索取资源与空间,享受生态系统提供的服务功能,向环境排放废弃物;二是自然对人类的影响与反作用,包括资源环境对人类生存发展的制约,自然灾害、环境污染与生态退化对人类的负面影响。由于社会的发展,使得人与自然从统一走向对立,由此造成了生态危机。因此,要想实现人与自然的和谐发展,必须正视自然的价值,理解自然,改变我们的发展观,逐步完善有利于人与自然和谐的生态制度,构建美好的生态文化,从而构建人与自然的和谐环境。人类活动的各个领域和人类生活的各个方面都与生态环境发生着某种联系,因此,我们要从多角度来促进人与自然的和谐发展。

　　随着社会不断进步与发展,人们对生活工作空间的要求也越来越高。在当今建筑技术条件下,营造一个满足使用需要的、完全由人工控制的舒适的建筑空间已并非难事。但是,建筑物使用过程中大量的能源消耗和由此产生的对生态环境的不良影响,以及众多建筑空间所表现的自我封闭、与自然环境缺乏沟通的缺陷,都成为建筑设计中亟待解决的问题。人类为了自身的可持续发展,就必须使其各种活动,包括建筑活动及其产生结果和产物与自然和谐共生。

　　建筑作为人类不可缺少的活动,旨在满足人的物质和精神需求,寓含着人类活动的各种意义。由此可见,建筑与自然的关系实质上也是人与自然关系的体现。自然和谐性是建筑的一个重要的属性,它表示人、建筑、自然三者之间的共生、持续、平衡的关系。正因为自然和谐性,建筑以及人的活动才能与自然息息相关,才能以联系的姿态融入自然。这种属性是可持续精神的直接体现,对当代建筑的发展具有积极的意义。

第四节　低耗高效性及文明性

一、低耗高效性

　　为了实现现代建筑重新回归自然、亲和自然,实现人与自然和谐共生的意愿,专家和学者们提出了"绿色建筑"的概念,并且以低耗高效为主导的绿色建筑在实现上述目标的过程中,受到越来越多人的关注,随着低耗高效建筑节能技术的完善,以及绿色建筑评价体系的推广,低耗高效的绿色建筑时代已经悄然来临。

合理地利用能源、提高能源利用率、节约建筑能源是我国的基本国策,绿色建筑节能是指提高建筑使用过程中的能源效率。在绿色建筑低耗高效性设计方面,可以采取以下技术措施。

(一)确定绿色建筑工程的合理建筑朝向

建筑朝向的选择涉及当地气候条件、地理环境、建筑用地情况等,必须全面考虑。选择建筑朝向的总原则:在节约用地的前提下,要满足冬季能争取较多的日照,夏季避免过多的日照,并有利于自然通风的要求。从长期实践经验来看,南向是全国各地区都较为适宜的建筑朝向。但在建筑设计时,建筑朝向受各方面条件的制约,不可能都采用南向。这就应结合各种设计条件,因地制宜地确定合理建筑朝向的范围,以满足生产和生活的要求。

工程实践证明,住宅建筑的体形、朝向、楼距、窗墙面积比、窗户的遮阳措施等,不仅影响住宅的外在质量,同时也影响住宅的通风、采光和节能等方面的内在质量。建筑师应充分利用场地的有利条件,尽量避免不利因素,在确定合理建筑朝向方面进行精心设计。

在确定建筑朝向时,应当考虑以下几个因素:要有利于日照、天然采光、自然通风;要结合场地实际条件;要符合城市规划设计的要求;要有利于建筑节能;要避免环境噪音、视线干扰;要与周围环境相协调,有利于取得较好的景观朝向。

(二)设计有利于节能的建筑平面和体型

建筑设计的节能意义包括建筑方案设计过程中遵循建筑节能思想,使建筑方案确立节能的意识和概念,其中建筑体形和平面形状特征设计的节能效应是重要的控制对象,是建筑节能的有效途径。现代生活和生产对能量的巨大需求与能源相对短缺之间日益尖锐的矛盾促进了世界范围内节能运动的不断展开。

对于绿色建筑来说,"节约能源,提高能源利用系数"已经成为各行各业追求的一个重要目标,建筑行业也不例外。节能建筑方案设计有特定的原理和概念,其中建筑平面特征的控制是建筑节能研究的一个重要方面。

建筑体形是建筑作为实物存在必不可少的直接形象和形状,所包容的空间是功能的载体,除满足一定文化背景的美学要求外,其丰富的内涵令建筑师神往。然而,建筑平面体形选择所产生的节能效应,及由此产生的指导原则和要求却常被人们忽视。我们应该研究不同体形对建筑节能的影响,确定一定的建筑体形节能控制的法则和规律。

(三)重视建筑用能系统和设备优化选择

为使绿色建筑达到低耗高效的要求,必须对所有用能系统和设备进行节能设计和选择,这是绿色建筑实现节能的关键和基础。例如,对于集中采暖或空调系统的住宅,冷、热水(风)是靠水泵和风机输送到用户,如果水泵和风机选型不当,不仅不能满足供暖的功能要求,而且其能耗在整个采暖空调系统中占有相当的比例。

(四)重视建筑日照调节和建筑照明节能

现行的照明设计主要考虑被照面上照度、眩光、均匀度、阴影、稳定性和闪烁等照明技术问题,而健康照明设计不仅要考虑这些问题,而且还要处理好紫外辐射、光谱组成、光色、色温等对人的生理和心理的作用。为了实现健康照明,除了研究健康照明设计方法和尽可能做到技术与艺术的统一外,还要研究健康照明概念、原理,并且要充分利用现代科学技术的新成果,不断研究出高品质新光源,同时要开发出采光和照明新材料、新系统,充分利用天然光,节约能源,保护环境,使人们身心健康。

(五)按照国家规定充分利用可再生资源

根据目前我国再生能源在建筑中的实际应用情况,比较成熟的是太阳能热利用。太阳能热利用就是用太阳能集热器将太阳辐射能收集起来,通过与物质的相互作用转换成热能加以利用。太阳能热水器与人民的日常生活密切相关,其产品具有环保、节能、安全、经济等特点,太阳能热水器的迅速发展将成为我国太阳能热利用的"主力军"。

二、文明性

人类文明的第一次浪潮,是以农业文明为核心的黄色文明;人类文明的第二次浪潮,是以工业文明为核心的黑色文明;人类文明的第三次浪潮,是以信息文明为核心的蓝色文明；人类文明的第四次浪潮，是以社会绿色文明为核心的文明。绿色文明就是能够持续满足人们幸福感的文明。任何文明都是为了满足人们的幸福感，而绿色文明的最大特征就是能够持续满足人们的幸福感，持续提升人们的幸福指数。

绿色文明是一种新型的社会文明，是人类可持续发展必然选择的文明形态，也是一种人文精神，体现着时代精神与文化。绿色文明既反对人类中心主义，又反对自然中心主义，是人类社会与自然界相互作用，保持动态平衡为中心，强调人与自然的整体、和谐地双赢式发展。它是继黄色文明、黑色文明和蓝色文明之后，人类对未来社会的新追求。

21世纪是呼唤绿色文明的世纪。绿色文明包括绿色生产、生活、工作和消费方式，其本质是一种社会需求。这种需求是全面的，不是单一的。它一方面是要在自然生态系统中获得物质和能量，另一方面是要满足人类持久的自身的生理、生活和精神消费的生态需求与文化需求。

绿色建筑外部要强调与周边环境相融合，和谐一致、动静互补，做到保护自然生态环境。建筑内部不得使用对人体有害的建筑材料和装修材料。室内的空气保持清新，温度和湿度适当，使居住者感觉良好，身心健康。倡导绿色文明建筑设计，不仅对中国自身发展有深远的影响，而且也是中华民族面对全球日益严峻的生态环境危机时向全世界做出的庄严承诺。绿色文明建筑设计主要应注意保护生态环境和利用绿色能源。

（一）保护生态环境

保护生态环境是人类有意识地保护自然生态资源并使其得到合理的利用，防止自然生态环境受到污染和破坏；对受到污染和破坏的生态环境必须做好综合的治理，以创造出适合于人类生活、工作的生态环境。生态环境保护是指人类为解决现实的或潜在的生态环境问题，协调人类与生态环境的关系，保障经济社会的持续发展而采取的各种行动的总称。

保护生态环境和可持续发展是人类生存和发展面临的新课题，人类正在跨入生态文明的时代。保护生态环境已经成为中国社会新的发展理念和执政理念，保护生态环境已经成为中国特色社会主义现代化建设进程中的关键因素。在进行城市规划和设计中，我们要用保护环境、保护资源、保护生态平衡的可持续发展思想，指导绿色建筑的规划设计、施工和管理等，尽可能减少对环境和生态系统的负面影响。

（二）利用绿色能源

绿色能源也称为清洁能源，是环境保护和良好生态系统的象征和代名词。它可分为狭义和广义两种概念。狭义的绿色能源是指可再生能源，如水能、生物能、太阳能、风能、地热能和海洋能。这些能源消耗之后可以恢复补充，很少产生污染。广义的绿色能源则包括在能源的生产及其消费过程中，选用对生态环境低污染或无污染的能源，如天然气、清洁煤和核能等。

绿色能源不仅包括可再生能源，如太阳能、风能、水能、生物质能、海洋能等；还包括应用科技变废为宝的能源，如秸秆、垃圾等新型能源。人们常常提到的绿色能源指太阳能、氢能、风能等，但另一类绿色能源就是绿色植物提供的燃料，也称为绿色能源，又称为生物能源或物质能源。其实，绿色能源是一种古老的能源，千万年来，人类的祖先都是伐树、砍柴烧饭、取暖、生息繁衍。这样生存的后果是给自然生态平衡带来了严重的破坏。沉痛的历史教训告诉我们，利用生物能源，维持人类的生存，甚至造福于人类，必须按照自然规律办事，既要利用它，又要保护发展它，使自然生态系统保持良性循环。

近年来，我国在应用地源热泵方面发展较快。

地源热泵是利用地球表面浅层水源（如地下水、河流和湖泊）和土壤源中吸收的太阳能和地热能，并采用热泵原理，由水源热泵机组、地能采集系统、室内系统和控制系统组成的，既可供热又可制冷的高效节能空调系统。地源热泵已成功利用地下水、江河湖水、水库水、海水、城市中水、工业尾水、坑道水等各类水资源以及土壤源作为地源热泵的冷、热源。根据地能采集系统的不同，地源热泵系统分为地埋管、地下水和地表水三种形式。

第五节　综合整体创新设计

绿色建筑是指为人们提供健康、舒适、安全的居住、工作和活动的空间，同时在建筑全生命周期中实现高效率地利用资源、最低限度地影响环境的建筑物。绿色建筑是以节约能源、有效利用资源的方式，建造低环境负荷情况下安全、健康、高效及舒适的居住空间，达到人及建筑与环境共生共荣、永续发展。绿色建筑最终的目标是以"绿色建筑"为基础进而扩展至"绿色社区""绿色城市"层面，达到促进建筑、人、城市与环境和谐发展的目标。

绿色建筑的综合整体创新设计,是指将建筑科技创新、建筑概念创新、建筑材料创新与周边环境结合在一起进行设计。其重点在于建筑科技创新,利用科学技术的手段,在可持续发展的前提下,满足人类日益发展的使用需求,同时与环境和谐共处,利用一切手法和技术,使建筑满足健康舒适、安全可靠、耐久适用、节约环保、自然和谐和低耗高效等特点。

由此可见,发展绿色建筑必然伴随着一系列前所未有的综合整体创新设计活动。绿色建筑在中国的兴起,既是形势所迫,顺应世界经济增长方式转变潮流的重要战略转型,又是应运而生,促使我国建立创新型国家的必然组成部分。

一、基于环境的设计创新

理想的建筑应该协调于自然成为环境中的一个有机组成部分。一个环境无论以建筑为主体还是以景观为主体,只有两者完美协调才能形成令人愉快、舒适的外部空间。为了达到这一目的,建筑师与景观设计师进行了大量的、创造性的构思与实践,从不同的角度、不同的侧面和不同的层次对建筑与环境之间的关系进行了研究与探讨。

建筑与环境之间良好关系的形成不仅需要有明确、合理的目的,而且有赖于妥当的方法论与城市的建筑实践的完美组合。建筑实践是一个受各种因素影响与制约的烦琐、复杂的过程。在设计的初期阶段能否圆满解决建筑与环境之间的关系,将直接影响建筑环境的实现。建筑与其周围环境有着千丝万缕的联系,这种联系也许是协调的,也许是对立的。它也可能反映在建筑的结构、材料、色彩上,也可能通过建筑的形态特征表现出其所处环境的历史、文脉和源流。

建筑自身的形态及构成直接影响着其周围的环境。如果建筑的外表或形态不能够恰当地表现所在地域的文化特征或者与周围环境发生严重的冲突,那么它就很难与自然保持良好的协调关系。但是,所谓建筑与环境的协调关系,并不意味着建筑必须被动地屈从于自然、与周围环境保持妥协的关系。有些时候建筑的形态与所在的环境处于某种对立的状态。但是这种对立并非从根本上对其周围环境加以否定,而是通过与局部环境之间形成的对立,在更高的层次上达到与环境整体更加完美的和谐。

建筑环境的设计创新,就是要求建筑师通过类比的手法,把主体建筑设计与环境景观设计有机地结合在一起。将环境景观元素渗透到建筑形体和建筑空间当中,以动态的建筑空间和形式、模糊边界的手法,形成功能交织、有机相连的整体,从而实现空间的持续变化和形态交集。将建筑的内部、外部直至城市空间,看作是城市意象的不同，但又是连续的片段，通过独具匠心地切割与连接，使建筑物和城市景观融为一体。

二、基于文化的设计创新

建筑是人类重要的文化载体之一，它以"文化纪念碑"的形式成为文化的象征，记载着不同民族、不同地域、不同习俗的文化，尤其是记载着伦理文化的演变历程。建筑设计是人类物质文明与精神文明相互结合的产物，建筑是体现传统文化的重要载体，中国传统文化对我国建筑设计具有潜移默化的影响，但是在现阶段随着不同思想的冲击，传统文化在建筑设计中的运用需要进一步创新发展。

现代建筑的混沌理论认为：自然不仅是人类生存的物质空间环境，更是人类精神依托之所在。对于自然地貌的理解，由于地域文化的不同而显示出极大的不同，从而造就了如此众多风格各异的建筑形态和空间，让人们在品味中联想到当地的文化传统与艺术特色。设计展示其独特文化底蕴的建筑，离不开地域文化原创性这一精神原点。引发人们在不同文化背景下的共鸣，引导人们参与其中，获得独特的文化体验。

三、基于科技的设计创新

当今时代，人类社会步入了一个科技创新不断涌现的重要时期，也步入了一个经济结构加快调整的重要时期。持续不断的新科技创新及其带来的科学技术的重大发现发明和广泛应用，推动世界范围内生产力、生产方式、生活方式和经济社会发展观发生了前所未有的深刻变化，也引起全球生产要素流动和产业转移加快，使得经济格局、利益格局和安全格局发生了前所未有的重大变化。

自 20 世纪 80 年代以来，我国建筑行业的技术发展经历了探索阶段、推广阶段和成熟阶段，然而，与国际先进技术相比，我国建筑设计的科技创新方面仍存在着许多问题，造成这些问题的原因是多方面的，我国建筑业只有采取各种有效措施，不断加强建筑设计的科技创新，才能增强自身的竞争力。

科技创新不足、创新体系不健全，制约着绿色建筑可持续发展的实施。我国科学技术创新能力，尤其是原始创新能力不足的状况日益突出和尖锐，已经成为影响我国绿色建筑科学技术发展乃至可持续发展的重大问题。因此，加强绿色建筑科技创新，推进国家可持续发展科技创新体系的建设，是促进我国可持续发展战略实施的当务之急。

第六节 绿色建筑规划的技术设计

绿色建筑的规划设计不能将眼光局限在由壁体材料围合而成的单元建筑之内,而应扩大环境控制的外延,从城市设计领域着手实施环境控制和节能战略。为实现优化建筑规划设计的目的,首先应掌握相当的基础资料,解决以下若干基本问题。

第一,城市气候特征。掌握城市的季节分布和特点、当地太阳辐射和地下热资源、城市中风流改变情况和现状,并熟悉城市人的生活习惯和热舒适习俗。

第二,小气候保护因素。研究城市中由于建筑排列、道路走向而形成的小气候改变所造成的保护或干扰因素,对城市用地进行有关环境控制评价的等级划分,并对建筑开发进行制约。

第三,城市地形与地表特征。建筑节能设计尤其注重自然资源条件的开发和应用,摸清城市特定的地形与地貌。城市的地形(坡地等)及植被状况、地表特征都是挖掘"能源"的源泉。

第四,城市空间的现状。城市所处的位置及其建筑单元所围合成的城市空间会改变当地的城市环境指标,进而关系到建筑能耗。

在掌握相关因素后,城市设计要从多种制约因素中综合选择对城市环境控制和节能带来益处的手段和方法,通过合理组织城市硬环境,正确运用技术措施和方法,使城市能够创造出合理的舒适环境和聚居条件。

一、生态规划设计的场地选择及设计

(一)场地选择

在选择建设用地时应严格遵守国家和地方的相关法律法规,保护现有的生态环境和自然资源,优先选择已开发、具有城市改造潜力的地区,充分利用原有市政基础设施,提高其使用效率。

合理选用废弃场地进行建设,通过改良荒地和废地,将其用于建设用地,提高土地的价值,有效地利用现有的土地资源,提高环境质量。对已被污染的废弃地,进行处理并达到有关标准。

场地建设应不破坏当地文物、自然水系、湿地、基本农田、森林和其他保护区。

在建设过程中应尽可能维持原有场地的地形、地貌,这样既可以减少用于场地平整所带来的建设投资的增加,减少施工的工程量,也避免了因场地建设对原有生态环境景观的破坏。

(二)场地安全

绿色建筑建设地点的确定是决定绿色建筑外部大环境是否安全的重要前提。绿色建筑的选址应避开危险源。

建设项目场地周围不应存在污染物排放超标的污染源,包括油烟未达标排放的厨房、车库、超标排放的燃煤锅炉房、垃圾站、垃圾处理场及其他工业项目等。否则,会污染场地范围内大气环境,影响人们的室内外工作、生活。

住区内部无排放超标的污染源,污染源主要是指:易产生噪声的学校和运动场地,易产生烟、气、尘、声的饮食店、修理铺、锅炉房和垃圾转运站等。在规划设计时应采取有效措施避免超标,同时还应根据项目性质合理布局或利用绿化进行隔离。

二、生态规划设计的光、声、水、风环境设计

(一)生态规划设计的光环境设计

绿色建筑的光环境,显示出建筑的材质、色彩与空间,是造型的主要手段。光和色彩的巧妙运用不仅能获得意境不凡的艺术效果,而且是绿色建筑创作的一个重要的有机组成部分。绿色建筑光环境的被动式设计是创造全新建筑形象和形态的重要设计方法。

光环境设计既是科学,又是艺术,同时也要受经济和能源的制约。所以我们必须合理设计,使照明节能,采取科学与艺术融为一体的先进设计方法。

光环境的内涵很广,它指的是由光(照度水平和分布,照明的形式和颜色)与颜色(色调、色饱和度、室内颜色分布、颜色显现)在室内建立的同房间形状有关的生理和心理环境。

人对光环境的需求与他从事的活动有密切关系。在进行生产、工作和学习的场所,优良的照明可振奋人的精神,提高工作效率和产品质量,保障人身安全与视力健康。因此,充分发挥人的视觉效能是营建这类光环境的主要目标。而在休息、娱乐和公共活动的场合,光环境的首要作用则在于创造舒适优雅、活泼生动或庄重严肃的特定环境气氛。光可以对人的精神状态和心理感受产生积极的影响。

光环境除了对绿色建筑具有视觉效能外,还具有热工效能。换句话说,绿色建筑中光的作用在营造良好照明环境的同时,还可给建筑带来能源。

(二)生态规划设计的声环境设计

目前声景观已成为环境学的新兴研究领域之一,主要研究声音、自然和社会之间的相互关系。声景观根据声音本身所具有的体系结构和特性,利用科学和美学的方法将声音所传达的信息与人们所生活的环境、人的生理及心理要求、人和社会的可接受能力、周围环境对声音的吸收能力等诸多因素有机地连接起来,使得这些因素达到一个平衡,创造并充分利用声音的价值,发挥声音的作用,建立声音的价值评价体系,并据此去主动设计声音。

声景观的营造是运用声音的要素,对空间的声环境进行全面的设计和规划,并加强与总体景观的协调。声景观的营造是对传统意义上声学设计的一次全面升华,它超越了物质设计和发出声音的局限,是一种思想与理念的创新。传统以视觉为中心的物质设计理念,在引入了声景观的理念后,把风景中本来就存在的听觉要素加以明确地认识,同时考虑视觉和听觉的平衡与协调,通过五官的共同作用来实现景观和空间的诸多表现。

声景观的营造理念首先扩大了设计要素的范围,包含了大自然的声音、城市各个角落的声音、带有生活气息的声音,甚至是通过场景的设置,唤起人们记忆或联想的声音等内容。声景观营造的模式需因场合而异,可以在原有的声景观中添加新的声要素;可以去除声景观中与总体环境不协调、不必要、不被希望听到的声音要素;对于地域和时代具有代表性的声景观名胜等的声景观营造,甚至可以按原状保护和保存,不做任何更改和变动。

声景观通过声音的频谱特征、声音的时域特征、声音的空间特征以及声音的情感特征对人加以影响。声音是客观存在的,但它的直接感受主体是人,应注意声音对人的生理、心理、行为等各方面的影响以及人对声音的需求程度。根据声音的影响和需求程度来共同决定声音的价值,人对声音的需求程度决定声音的基本价值。声景观的内核是以人为本,好的声景观应能够达到人的心理、生理的可接受程度。

人们对声景观的需求程度较为丰富。例如,当人们在休息的时候或者处于安静状态的时候,要求声音越小越好,保持宁静的状态。但人在精神处于紧张状态的时候,如果周围的环境过于安静,则会增加精神上的压力,这时候反而需要适当的舒缓音乐来放松神经,或者需要相对强烈一些的声音来与内心的紧张产生共鸣,由此来掩蔽心理上的紧张。此外,任何声音都是通过某些具体的物质产生,这就要求声音能够有效传达声源的某些信息,让声音成为事物表达自身特征的标志之一。通过此标志,人们可以认识到发声物体的某些方面的性能。在人们认识到声音某些性能的同时,声音也应满足人们在某些方面不同程度的需求。这些需求不是静止的,它随着历史、文化的差异而不同,随着社会的发展而发展。

(三)生态规划设计的水环境设计

水环境是绿色建筑的重要组成部分。在绿色建筑中,水环境系统是指在满足建筑用水水量、水质要求的前提下,将水景观、水资源综合利用技术等集成为一体的水环境系统。它由小区给水、管道直饮水、再生水、雨水收集利用、污水处理与回用、排水、水景等子系统有机地组合,有别于传统的水环境系统。

水环境规划是绿色建筑设计的重要内容之一,也是水环境工程设计与建设的重要依据,它是以合理的投资和资源利用实现绿色建筑水环境良好的经济效益、社会效益及环境效益的重要手段,符合可持续发展的战略思想。通过建筑内与建筑外给水排水系统、雨水系统,保障合格的供水和通畅的排水。同时建筑场地景观水体、大面积的绿地及区内道路也需要用水来养护与浇洒。这些系统和设施是绿色建筑的重要物质条件。因此,水环境系统是绿色建筑的具体内容。

绿色建筑水资源状况与建筑所在区域的地理条件、城市发展状况、气候条件、建筑具体规划等有密切关系。绿色建筑的水资源来自以下几个方面。

自来水资源来自城市水厂或自备水厂,在传统建筑中自来水为水环境主要用水来源,生活、生产、绿化、景观等用水均由自来水供应,耗用量大。

生活、工业产生的污废水在传统建筑中一般直接排入城市市政污水管网,该部分水资源可能没有得到有效利用。事实上部分生活废水、生产废水的污染负荷并不高,经适当的初级处理后便可作为水质要求不高的杂用水水源。

随着水资源短缺矛盾越来越突出,部分城市对污水厂出水进行深度处理,使出水满足生活或生产杂用水的标准,便于回收利用,这种水称为市政再生水。建筑单位也可对该区域内的污废水进行处理,使之满足杂用水质标准,即建筑再生水。因此,在条件可行的前提下,绿色建筑中应充分利用该部分非传统水资源。

传统建筑区域及场地内的雨水大部分由管道输送排走,少量雨水通过绿地和地面下渗。随着建筑区域内不透水地面的增加,下渗雨水量减少,大量雨水径流外排。绿色建筑中应尽量利用这部分雨水资源。雨水利用不仅可以减少自来水水资源的消耗,还可以缓和洪涝、地下水下降、生态环境恶化等现象,具有较好的经济效益、环境效益和社会效益。

在某些特殊位置的建筑,靠近河流、湖泊等水资源或地下水资源丰富,如当地政策许可,可考虑该部分水资源的利用。

总之,绿色建筑水环境设计应对存在的所有水资源进行合理规划与使用,结合城市水环境专项规划以及当地水资源状况,考虑建筑及周边环境,对建筑水环境进行统筹规划,这是建设绿色建筑的必要条件。而后制定水环境系统规划与设计方案,增加各种水资源循环利用率,减少市政供水量(主要指自来水)和污水排放量(包含雨水)。

(四)生态规划设计的风环境设计

绿色建筑的风环境是绿色建筑特殊的系统,它的组织与设计直接影响建筑的布局、形态功能。建筑的风环境同时具备热工效能和减少污染物质产生量的功能,起到节能和改善室内环境的作用,但是两者有时会产生矛盾。

同城市和建筑中的噪声环境、日照环境一样,风环境也是反映城市规划与建筑设计优劣的一个重要指标。风环境不仅和人们的舒适、健康有关,也和人类安全密切相关。建筑设计和规划如果对风环境因素考虑不周,会造成局部地区气流不畅,在建筑物周围形成旋涡和死角,使得污染物不能及时扩散,直接影响人的生命健康。作为一种可再生能源,自然通风在建筑和城市中的利用可以减少不必要的能量消耗,降低城市热岛效应,因而具有非常重要的价值和意义。

城市中的风环境取决于两个方面的因素:其一是气象与大区域地形,例如在沿海地区、平原地区或山谷地区,每年受到的季风情况等,这一因素是城市建设人员难以控制的;其二是小区域地形,例如城市建筑群的布置、各建筑的高度和外形、空旷地区的位置与走向等。这些因素影响了城市中的局部风环境,处理得不好,会使某些重要区域的风速大大增加或者造成风的死角,而这一因素是城市规划人员可以控制的。研究风环境的规划问题,实际上就是在给定的大区域风环境下,通过城市建筑物和其他人工构筑物的合理规划,得到最佳小区域地形,从而控制并改善有意义的局部风环境。

风环境的规划主要有两个目标:一方面要保证人的舒适性要求,即风不能过强;另一方面要维持空气清新,即通风量不能太小。

在建立风环境的舒适性准则时,一般涉及以下两个指标:第一是各种不舒适程度的风速,第二是这种不舒适风速出现的频度。只有引起某种程度的让人感到不适的风速出现频度大于人可接受的频度时,才认为该风环境是不舒适的。其他参数,例如湍流强度,尽管也可以影响人的舒适度,但在风环境规划时一般可以不考虑。另外,值得指出的是,各种风环境的舒适性准则是带有很大主观性的,需要通过实验与调查才能建立,因而各国学者所提出的舒适性准则也有很大不同。

三、生态规划设计的道路系统设计

(一)生态道路交通系统的设计理念

绿色建筑的生态道路交通系统,是绿色建筑及场地周边人、车、自然环境之间的关系问题。从场地道路的本质来看,人的安全是其设计的首要原则。居民的活动大多以步行方式为主,而非机动交通、道路的设置也相应区别于城市道路。我们纵观场地道路交通系统的发展进程,从雷德伯恩模式、交通安宁理论到人车共享理论都是对居民的安全保障所做出的努力和一系列改善住区步行环境的政策和措施。

(二)生态道路系统设计的原则

>> 1. 整体原则

无论是生态建设还是生态规划都十分强调宏观的整体效应,所追求的不是局部地区的生态环境效益的提高,而是谋求经济、社会、环境三个方面效益的协调统一与同步发展,并有明显的区域性和全局性。

>> 2. 开放原则

城市道路上的交通污染只通过道路本身来消纳是难以办到的,需要通过道路所处的自然环境和地形特征,结合道路广场、景区绿地,打破"路"的界限,将其往周边作扇形展开,使其更具扩散性,进而降低道路上的废气含量。

>> 3. 交通便利便捷原则

在信息时代,除了实现办公网络化外,还应通过规划手段来实现公交网络化和土地综合利用,以减少交通量和提高交通运行能力,同时还应全面提高人们的交通意识,以此来建设一个有序、便捷的交通系统。

>>> **4. 生态原则**

由于城市道路用地上的自然地貌被破坏而重新人工化,故须重新配置植物景观,在配置时,应将乔、灌、草等植物进行多层次的错综栽植,以加强循环、净化空气、保持水土,从而创造一个温度和湿度适宜、空气清新的环境。

(三)生态道路系统的路网层级

生态路网系统的设计是指在生态平衡理论、生态控制论理论以及生态规划设计原理的指导下,通过相互依存、相互调节、相互促进的多元、多层次的循环系统,使道路系统处在最优状态。它涉及多个领域,应该通过完整的综合设计来完成,从其涉及的对象和地理范围大致可分为三个层次,即区域级、分区级和地段级。

>>> **1. 区域级的生态道路系统设计**

区域层次上的生态道路网设计,应提前做好生态调查,并将其作为路网规划设计工作的基础,做到根据生态原则利用土地和开发建设,协调城市内部结构与外部环境在空间利用、结构和功能配置等方面与自然系统的协调。

①城市的一定区域范围内存在许多职能不同、规模不同、空间分布不同,但联系密切、相互依存的区域地块。各城镇间存在物流、人流、信息流等,这些都通过交通运输、通信基础设施来承载。其中最重要的就是道路交通,它必定穿越大量自然区域,造成对自然环境的破坏。因此,各城镇之间的道路联系必须从整个区域的自然条件来考虑。如何充分利用特定的自然资源和条件,建立一个环境容量优越的道路网系统,这不仅是区域的问题,也是城市的问题。

②通过路网的有机组织,创造一个整体连贯而有效的自然开敞绿地系统,使道路上的环境容量得以延伸。为此在土地布局和路网规划时,应该在各绿地间有意识地建立廊道和憩息地,结合城市开敞空间、公园及相关绿色道路网络设计,使绿色道路、水系与公园相互渗透,形成良好的绿地系统。

③自然气候的差异对城市路网格局的影响也很大。热带和亚热带城市的布局可以开敞通透一些,有意识地组织一些符合夏季主导风向的道路空间走廊和适当增加有庇护的户外活动的开敞空间;也可利用主干道在郊区交汇处设置楔形的绿化带系统把风引入城市,起到降温和净化空气的作用。而寒带城市则应采取相对集中的城市结构和布局,以利于加强冬季的热岛效应,降低基础设施的运行费用。

▶▶ 2. 分区级的生态道路系统设计

分区级的生态道路系统,应该侧重强调发展公共交通系统和加强土地的综合利用。前者在于提高客运能力,后者在于减少交通量。若两者能充分发挥各自的优点,就会达到减少交通污染的目的。

①大力发展公共交通系统。在一些发达国家大部分学者认为,为了实现生态道路网系统,应尽量鼓励人们使用公共交通系统。目前,我国政府已经颁布了城市公交优先的政策,许多城市都开始建设先进的快速公交、地铁系统等。同时,公交运营管理制度也正在不断改善,居民出行乘坐公交比重逐步提高,不仅会使城市形态和生态改观,而且将大量节约城市道路用地,进一步改善城市绿化环境。

②所谓土地综合利用,就是在城市布局时,把工作、居住和其他服务设施结合起来,综合地予以考虑,使人们能够就近入学、工作和享用各种服务设施,缩短人们每天的出行距离需求,减少出行所依靠的交通工具,提高道路环境的清洁度。目前国外经常提及的完全社区、紧凑社区等正是这类社区的代表。这种土地综合利用规划,经常与城市交通规划结合在一起,有助于形成以公共交通系统为导向的交通模式。

▶▶ 3. 地段级的生态道路系统设计

在地段级这一层次上,主要是道路的生态设计。它是上两个层次的延续,应该充分利用道路这一多维空间进行设计,使道路上的污染尽可能在其中消纳和循环。

①改变传统做法,建设透水路面。很多道路采用透气性、渗水性很低的混凝土路面,使地下水失去了来源,热岛效应恶化。而采用高新技术与传统混凝土路面技术的有机结合,使建设透水路面技术变得更成熟。若慢车道和人行道能采用这种路面,将有效改善生态环境。

②改变传统桥面做法,建设防滑降噪路面,即采用透水沥青面层,形成优良的表面防滑性能和一定的降噪效果,降低环境及噪声污染,改善居住环境。

(四)步行空间的创造

▶▶ 1. 宜人的步行空间对绿色道路交通系统的功能性及社会性意义

居民生活区的道路往往是居民活动聚集的地方,在适当位置设置行人步行专区,可以大幅度减少车辆对人和环境的压力,同时也减少行人对车辆交通的影响。在环境方面,可以在一定程度上减少空气、视觉、听觉污染,使居民能充分享受城市生活的乐趣;在经济方面,有利于改善和增进商业活动,吸引游客或顾客,并提供更多的就业机会;在社会效益方面,步行空间可以提供步行、休息、游乐、聚会的公共开放空间,增进人际交流、地区认同感与自豪感,在潜移默化中提高市民的素质。

▶▶ 2. 步行空间中人的行为特征

人的行为在步行环境中具有一些值得注意的特征,只有细致考虑这些因素的影响,才能深入地了解步行空间的人性化设计。人的行为规律是步行环境设计的基础,在步行环境中,人的行为从动作特征上来说分为动态行为与静态行为。从行为者的主观意愿来分,可分为必要性活动行为与自发性活动行为。不同的行为提出了不同的空间需求。

动态行为包括有目的通行、无明确目的散步、购物、游戏活动等。这些活动要求步行空间能提供宽松的环境、便捷的路线,以满足必要性的活动要求。同时为了吸引人们的各种自发性活动,步行空间又应为人们提供丰富的空间与生活体验。

静态行为包括逗留、小坐、观看、聆听、交谈等一系列固定场所行为。逗留与小坐是人在室外的步行活动中的一项重要内容。"可坐率"已成为衡量公共环境质量的一项重要指标。它不仅为行人提供了劳累时休息的场所,还为人们进一步的交谈、观看等活动创造了条件。除提供可坐的各种设施以外,它们的位置与布局也至关重要。一方面要考虑朝向与视野,能观看各种活动与景观;另一方面又应考虑座位应具有良好的个体空间与安全感。

▶▶ 3. 地块步行空间规划的设计思想

总的来说,地块步行空间规划设计需以"以人为本"为设计思想,具有安全性、便利性、景观性与可识别性等主要特征。

(1)安全性与安定性原则

安全性主要是指通行活动的安全;安定性是指人的活动不受干扰,没有噪声和其他公害的干扰。其中最关键的一点是对汽车交通进行有效的组织和管理。从对车辆的管理程度与方式可以分为以下三种步行区。

①完全行人步行区

完全行人步行区是指人车完全分离,禁止车辆进入,专供人行的空间。从人车分离的方法看可以分为平面分离与立体分离。平面分离是指除紧急消防及救援等用途外,其余车辆绝对禁止进入步行区。立体分离指的是高架步行空间和地下步行空间,它保证了步行空间的无干扰性,丰富了城市景观,同时有助于缓解地块内部的用地紧张。

②半行人步行区

这种形式的步行区或以时间段来管理机动车辆进入,或在空间上进行限制和管理,实行人车共存。在人车共存空间通过设置隔离墩、隔离绿带、栏杆等限制物件对空间进行有效的控制和管理,保证步行者活动的自由和安全,同时兼顾交通运输的需求。

③公交车专行道步行区

公交车专行道步行区即小轿车等机动车辆不得驶入,但公交车或专用客运车辆可以驶入。

(2)方便性原则

步行空间的设计应充分满足人在步行环境中的各种活动要求。就动态行为而言,步行空间应具有适宜的街道尺度、适中的步行距离、有边界的步行路线及合适的路面条件;应根据步行区域人流量的调查与预测来确定步行空间尺度,避免过于拥挤而产生压迫感以及过于空旷而缺乏生气;并应同时考虑婴儿车、轮椅等步行交通的特殊要求,保证行人通行的流畅。对大多数人而言,在日常情况下乐意行走的距离是有限的,一般为400～500 m。对于目的性很强的步行活动来说,走捷径的愿望非常执着;而对目的性不强的逛街者来说,一览无遗的路线又会令人觉得索然无味,这就要求在路线变化与便捷之间合理地平衡,进行最佳的设计。对于静态行为,主要是能够提供良好的休息空间,在布局设计上应通盘考虑场地的空间与功能质量。每个小憩之处都应具有相宜的具体环境,并置于整个步行空间的适宜之处,如凹处、转角处能提供亲切、安全和具有良好的微气候的休息空间。此外,步行空间的设计还应根据气候和环境条件考虑,设置避雨遮阳设施、亭台廊架等。

(3)良好的景观与可识别性的原则

一个成功的步行环境设计应当富有个性且十分吸引人,这样的步行环境又必须具有良好的空间景观,空间结构富有特色且易于识别。步行空间与周围城市环境应有和谐亲切的关系。步行空间的景观营造应从宏观与微观两个层次进行深入设计。从宏观层次看,应充分利用城市环境的地形、地貌、道路与建筑环境营造出丰富的天际轮廓线与曲折多变的街景空间;从微观层次上,要善于利用绿化、小品、水体、材质等进行空间组织,营造出亲切宜人的微观环境。此外,在空间及景观设计上应尽可能引入独特的文化特色,增强步行空间的文化品位和可识别性。

第四章　建筑围护结构节能

建筑节能大致可分为建筑设备节能和围护结构节能两个方面。建筑设备节能主要取决于设备性能和运行管理；而围护结构节能的影响因素要复杂得多，包括气候区域条件，建筑设计、结构、材料、功能，以及运行管理等。因此，建筑围护结构节能方案的设计应始终坚持因地制宜、区别对待的原则。

第一节　建筑能耗的主导因素

一、传热和通风在建筑能耗中的地位

建筑室内热环境受室外气候状态和建筑围护结构的影响，改进建筑围护结构形式是建筑节能的重要途径。采暖空调的能源消耗水平主要取决于两个方面，即通过围护结构传热引起的负荷和通风换气引起的负荷。两者在能耗中的比例和地位是节能策略选择的重要依据。

综合围护结构的影响和通风换气的作用，得到单位室内空间需要的采暖热量 Q 为：

Q＝室内外平均温差×（平均传热系数×体形系数＋换气次数×0.335）W/m^3

体形系数是指建筑外表面与建筑体积之比。对于大型公寓式住宅，体形系数为 0.2～0.3；对于巨型公共建筑（如会场、体育馆、大超市等），体形系数小于 0.1；对于单体别墅，体形系数为 0.7～0.9。

换气次数是指每小时室内外通风换气次数。为了保证健康，一般要求换气次数不低于 0.5 次/h。冬季开窗通风时，换气次数有可能为 5～10 次/h。

平均传热系数是指外窗、外墙和屋顶的平均传热系数。保温和隔热的目的就是使平均传热系数降低。

一般情况下换气次数不能小于 0.5 次/h，当平均传热系数与体形系数之积大于 0.165（换气次数×0.335＝0.165）时，围护结构传热成为影响制冷空调负荷的主导因素，降低采暖能耗的关键变为改善围护结构的保温。而当围护结构传热负荷远小于通风换气负荷时，应设法减少通风换气造成的热损失。例如，大型公共建筑,当体形系数为0.1,外墙、外窗的平均传热系数为0.6 W/(K·m²)时,乘积为0.06,已远小于0.165,再进一步改善保温已无太大意义了。对于长江流域及以南的住宅,由于生活习惯的原因,门窗密闭性都差得多,换气次数很少低于1次/h,这样,围护结构传热作用成为能耗主导的下界也应从0.165提高到0.3。与采暖不同,空调需要从室内排除的热量不仅取决于外墙的传热,室内的各种电器设备、照明等发出的热量,室内人员发出的热量,以及太阳透过外窗进入室内的热量也有重要影响。外墙传热的方向对室内环境调节措施以及节能方案的选取有关键意义,当室外温度低于室内允许的舒适温度时,通过外墙、外窗的传热以及室内外的通风换气,可以把这些热量较好地排出到室外。此时,围护结构平均传热系数越大,通过围护结构向外传出的热量就越多。如果建筑有较好的自然通风能力.则可以通过室内外通风换气向室外排热。如果建筑通风不畅,热量主要依靠围护结构排除,则围护结构保温越好,散热能力越差,由此导致室温升高,从而需要开启空调。

这种情况经常在大型公共建筑中出现,尤其是夏热冬冷地区的过渡季节,室外温度有很长时段处于舒适温度范围附近,又低于公共建筑室内温度。此类建筑内部发热量大,建筑体量大,不能开窗通风,通风换气次数就很少。由于体形系数小,即使围护结构平均传热系数较高,室内大量的热量依然不能通过围护结构有效排出,只好开启空调降温。这就是很多大型公共建筑在室外温度已经低于20 ℃了,还要开空调降温的原因。这时,围护结构保温反而导致了空调运行时间的加长,运行能耗的增加。

当室外空气日平均温度高于室内要求的舒适温度时,室外向室内传热,从而使空调需要排除的热量增大。这时和采暖期一样,围护结构保温越好,通过围护结构进入室内的热量就越少。当外墙外侧有较好的遮阳条件时,辐射传热的影响显著降低,通过外墙进入室内的热量主要由室内外温差决定。南方地区围护结构造成的夏季冷负荷一般不到北方地区造成的冬季热负荷的1/5。南方空调负荷围护结构的传热所占比例约为1/3;而冬季采暖时围护结构的传热占到60%～80%。所以南方改善建筑热性能,降低空调能耗的关键不在围护结构的保温。

南方夏季西向外墙和水平屋顶在太阳照射下,外表面温度可达50～60 ℃,最高温度可以达到70 ℃,考虑太阳辐射综合温度,最高甚至超过80 ℃,良好的保温可有效降低通过围护结构的传热,减少空调能耗。采取有效的外遮阳措施,防止太阳直接照射在这些表面,同时设法形成良好的通风,把太阳照射到这些表面的热量尽可能排除,可以大幅降低外表面温度,从而降低空调负荷。

影响能耗的主导因素不同,需要不同的应对手段。考虑建筑围护结构对建筑能耗的影响时,要从冬季采暖、春秋过渡季的散热和夏季空调制冷三个阶段的不同要求综合考虑。三个阶段对围护结构的需要并不相同,需要考察哪个阶段对建筑能耗起主导作用。不同地区、不同气候特性和建筑特点,对建筑能耗起主导作用的因素不同。例如,北方住宅,冬季采暖是决定能耗高低的主要因素,关键考虑围护结构保温;而夏热冬冷地区的住宅,过渡季节相对较长,就要更多考虑建筑通风。

根据不同地区全年室外空气温度、太阳辐射热量以及建筑室内发热量大小,不同类型建筑围护结构的性能要求重要性不同。

重要性是相对的,重要性低并不代表无关紧要,要以满足基本的要求为限,如冬季防结露,夏季外墙、屋顶室内表面温度的控制等。特别是大型公共建筑,其保温性能的重要性与其他三类性能相比最低,但并不表示围护结构无须保温,只不过是说明增加围护结构保温对降低空调、采暖负荷的作用是相对小的,有时还可能有反作用(当建筑无法有效进行通风时),而改善其他性能的收益要远大于保温。通风可调、遮阳可调并非指换气次数无限调节,而是指市场上可见的性能可调节的围护结构产品,如双层皮幕墙、通风外墙(这两者通风性能、遮阳性能均可变化)、固定或可调遮阳等。

严寒、寒冷地区采暖住宅的保温厚度也不宜过大。分析当前用的保温材料(如聚苯板、挤塑板和发泡聚氨酯等)全生命周期对资源、能源和对环境的影响.会发现保温材料过厚时不一定"节能减排"。例如,传统聚氨酯保温材料生产中的发泡过程采用CFC-11作为发泡剂,CFC物质对臭氧层存在破坏作用。采用CFC-11作为发泡剂,保温层增厚后会带来环境负荷的减少,但在有些条件下这种减少在其使用寿命期内并不能抵消该保温材料本身生产、使用、报废过程中带来的负面环境影响。如果单纯为了节能而增加保温厚度,却忽视了发泡剂生产、泄漏过程的环境影响,则有可能得不偿失。同样,许多保温材料的生产原料是石油或其他能源类原料,如果保温材料使用的几十年中减少的能源消费不能大于这些保温材料的生产原料所相当的能源,那么保温材料的节能目的也就毫无意义了。节能设计需要在两方面环境影响均严格控制下才能产生真正的节能效果。

对于夏热冬暖地区,综合考虑不同季节气候特性和空调负荷的特点,增加保温未必减少空调能耗。再考虑到保温材料在全生命周期内对资源、环境的不利影响,更应慎重采用过分的外墙保温方式。

二、建筑围护结构的节能重点分析

远古人类的生活圈原来只局限于热湿森林边缘,随着生产力水平的提高,人类对气候适应能力增强之后,才能扩展生活圈而遍及全球。在此生活发展史中,人类依赖"皮肤""衣服""建筑物"三层次的调节能力,以维持人体生理机能的最佳效率,适应不同气候。第一层次就是借由人类肌体"皮肤"来散发"代谢热";第二层次就是以"衣服"量调节来保暖御寒;第三层次就是以"建筑物"来维持室内环境的舒适与健康。这三层调节功能均必须依赖各种能源消耗才能有效运作。

建筑建造和运行都需要高能耗设施,而且能耗水平差异显著,这意味着建筑节能有着极大的发挥空间。相同规模、功能的建筑,能耗水平差异可达十几倍。建筑节能的潜力,是机械、冶炼、轻纺、化工、车辆等其他产业所无法比的,因为这些产业的竞争一向严峻,能源利用效率已经相当高,而且各企业差异不大,如果没有工艺的根本创新,继续要求达到30％～40％的节能效果是非常困难的。但以目前的建筑建造和运行模式,很多建筑可以轻松达到50％～60％的节能效果。

了解建筑物热工设计与空调节能的关系是非常重要的。由热带到严寒气候,办公建筑的热工设计因子对空调耗电量的影响有很大的差别。大体而言,所有围护结构设计因子中,以"开窗率(窗墙比)"对空调耗能的影响力最大,除了在哈尔滨占17.9％之外,其他气候区占四五成(36％～49％)的节能影响力,即开窗越大空调耗能也越高,因此"抑制过大的开窗设计"可以说是所有建筑节能设计的第一步。

还可以发现,"窗面遮阳"是空调耗能的一个重大因子,其对空调耗电量变动的影响力,由热带最大的47％降至寒冷气候(北京)的15.8％,甚至在严寒气候(哈尔滨)根本毫无节能效果(0.0％),显出越热的气候越需要遮阳,而越寒冷的地方越不需要遮阳的趋势。这里所谓"窗面遮阳",包括"玻璃材质"与"外遮阳"的遮阳性能,其中"玻璃材质"的遮阳能力通常是以玻璃的日照透过率或金属涂膜的日照反射率来决定的,而"外遮阳"的遮阳能力是以附加于窗外的种种遮阳构造物对日照的遮蔽能力来决定的。

另外一个空调耗能的重大影响因子为"围护结构保温",其对空调耗电量变动的影响力,由严寒气候的72.3％降至北亚热带气候(东京)的20.3％,但"围护结构保温"由南亚热带到热带根本毫无节能效果(0.0％),这显示出越冷的气候越需要保温,但南亚热带以南地区根本不需要保温层设计。"围护结构保温"是为了减少温度差所引起的传热,但南方气候因为室内外温差偏小,使其保温性能的要求减弱。在严寒地区办公建筑的保温设计固然重要,但在长江以南地区,现代钢筋混凝土建筑围护结构均已达到初步保温水准,同时照明、人员、设备室内发热量日益高升,使围护结构保温层的节能功能不显著。特别是过渡季节,围护结构散热有利于减少空调运行时间,对大型公共建筑节能有重要意义。

影响办公建筑空调耗能的第四大因子是"方位",但其对空调耗电量变动的影响力并不大,均在一成以下。

对空调耗电量的影响力分析,阐明了一系列的节能原理,即无论在任何气候下,"玻璃开口率不可太大"几乎可成为全球建筑节能设计的"第一原则";在上海、东京以北的寒冷地区必须逐步加强围护结构保温绝热设计;在台北以南的热湿地区,必须严格加强玻璃的遮蔽功能与外遮阳设计。

第二节　开窗和幕墙节能的设计

一、窗墙比适可而止

不论在什么样的气候条件下,玻璃开口面积越大,由供冷与供热合计的空调总耗电量越高。可见,玻璃开窗是流失能源的一大渠道,高热阻的玻璃只是使此漏洞的能源流失减缓而已,因此建筑节能要求透明开窗的比例适可而止,不应以炫耀、时髦的心理来追求过大的开窗。

"适当开口"也许是见仁见智的感受,有人追求大开窗率,但一般只要在围护结构 1 m 高度墙以上留有约 40% 的开窗率(窗墙比),就具有十分优良的视觉开放感。通常 20%～40% 的办公建筑开窗率,在节能与视野需求上较能两全其美。有心理实验发现:大多数人对 20% 的开窗率已大致心满意足,对 30% 的大开窗率已达心理满足感的高峰,30% 以上的大开窗率对视觉满足感几乎没有影响。即 30% 以上的开窗率只是增加空调能源的浪费而已,对于视觉开放感的心理满足并无帮助。

某建筑研究所的另一项实验发现,人类对最小开窗面积的要求是,只要达到楼地板面积的 6.25% 即可,因此一般住宅的开窗率约为 20%,这显然已让人相当满意。当然,无限制地缩小开窗也是不好的,因为小开窗虽有助于空调节能,但显然不利于满足人们通风、眺望、采光的需求。然而遗憾的是,现在世界各国的建筑节能法规受社会大众某些心理需求的影响,只是严格确保围护结构之保温性能,却很少限制过大开窗的设计,例如,我国的建筑节能设计标准允许建筑窗墙比可扩大到70%,一些国家的法规甚至可允许100%的开窗率,显然与节能意愿背道而驰。

二、选用适用的节能玻璃

除了设计适当的开窗面积之外,适用的节能玻璃也是有效的节能措施,但它通常必须付出相当的代价。由热带至寒带的任何办公建筑,良好的节能玻璃可以节省空调耗电量,尤其是开窗较大的建筑物,采用节能玻璃的节能效益更突出。

玻璃的节能特性主要在于“保温性能”与“遮阳性能”。只要在北方选用“保温性好”的玻璃,在南方选用“遮阳性好”的玻璃,即可收到较好的节能效益。在寒带哈尔滨采用双层玻璃或双层Low-E玻璃可达到节能的目的;反之,在南方温热气候的上海以南地区,采用反射玻璃或Low-E玻璃就是最有效的节能对策。现代办公建筑的室内热度越来越高,供冷需求日益增加,供热需求日益减少,这使得建筑节能对“遮阳性能”的需求日益增加,对“保温性能”的需求日减。甚至连寒冷气候区的北京,对开窗率50%以下的设计也以“遮阳性能”为主;在严寒气候区的哈尔滨或寒冷气候区的北京,对于开窗率50%以上的大开窗设计,选择“保温性能”较好的双层玻璃才是较节能的对策。

中空玻璃的广泛应用大大促进了建筑节能的发展,同时建筑节能标准要求的逐步提高也促使中空玻璃不断实现更加优良的节能特性。影响中空玻璃节能特性的重要因素是玻璃原片的类型和间隔层的厚度。组成中空的玻璃类型有白玻璃(白玻)、吸热玻璃、阳光控制镀膜、Low-E玻璃等,以及由这些玻璃所产生的深加工产品。玻璃被热弯、钢化后的光学热工特性会有微小的改变,但不会对中空系统产生明显的变化。不同类型的玻璃,在单片使用时的节能特性就有很大的差别,当合成中空时,各种形式的组合也会呈现出不同的变化特性。

其中,Low-E玻璃以其优异的光学热工特性使中空玻璃的节能效果得到了巨大的飞跃。世界各国都在推广使用Low-E玻璃,欧洲部分国家正在立法鼓励使用Low-E玻璃,日本和美国的行业协会都采取一定的措施,鼓励加大Low-E玻璃的普及程度。我国建筑行业Low-E中空玻璃的应用也具有迅猛发展的势头。

在建筑用中空玻璃诸多的性能指标中,能够用来判别其节能特性的主要有传热系数(K)和太阳得热系数(SHGC)。中空玻璃的传热系数K是指在稳定传热条件下,玻璃两侧空气温度差为1℃时,单位时间内通过1 m^2中空玻璃的传热量,以$\text{W/m}^2 \cdot \text{K}$表示。K越低,说明中空玻璃的保温隔热性能越好,在使用时的节能效果越显著。太阳得热系数 SHGC 是指在太阳辐射相同的条件下,太阳辐射能量透过窗玻璃进入室内的量与通过相同尺寸但无玻璃的开口进入室内的太阳热量的比率。玻璃的 SHGC 增大时,意味着可以有更多的太阳直射热量进入室内,减小时则将更多的太阳直射热量阻挡在室外。SHGC 对节能效果的影响是与建筑物所处的不同气候条件相联系的,在炎热气候条件下,应该减少太阳辐射热量对室内温度的影响,此时需要玻璃具有相对低的 SHGC;在寒冷气候条件下,应充分利用太阳辐射热量来提高室内的温度,此时需要高 SHGC 的玻璃。K 与 SHGC,前者主要衡量的是由于温度差而产生的传热过程,后者主要衡量的是由太阳辐射产生的热量传递。实际生活环境中两种影响同时存在,所以在各建筑节能设计标准中,通过限定 K 和 SHGC 的组合条件来使窗户达到规定的节能效果。

吸热玻璃是通过本体着色减小太阳光热量的透过率,增大吸收率。由于室外玻璃表面的空气流动速度大于室内,所以能更多地带走玻璃本身的热量,从而减少了太阳辐射热进入室内的程度。不同颜色类型、不同深浅程度的吸热玻璃,会使玻璃的 SHGC 和可见光透过率发生很大的改变。但各种颜色系列的吸热玻璃,其辐射率都与普通白玻相同,约为 0.84。所以在相同厚度的情况下,组成中空玻璃时传热系数是相同的。选取不同厂商的几种有代表性的 6 mm 厚度吸热玻璃,中空组合方式为:吸热玻璃＋12 mm 空气＋6 mm 白玻。计算结果表明,吸热玻璃仅能控制太阳辐射的热量传递,不能改变由于温度差引起的热量传递。

阳光控制镀膜玻璃是在玻璃表面镀上一层金属或金属化合物膜,膜层不仅使玻璃呈现丰富的色彩,而且其更主要的作用是降低玻璃的太阳得热系数,限制太阳热辐射直接进入室内。不同类型的膜层会使玻璃的 SHGC 和可见光透过率发生很大的变化,但对远红外热辐射没有明显的反射作用,所以阳光控制镀膜玻璃单片或中空使用时,K 与白玻相近。

三、外遮阳节能设计

南北气候的差异决定了建筑风格的差异,规整的布局是北方建筑的表现重点,阴影变化与轻巧的遮阳则是南方建筑美学的重要元素。建筑风格忠于风土气候,是绿色建筑最具体的文化表现之一。

窗口的太阳辐射是造成空调能耗的主因之一,遮阳显然是空调节能的重点之一。遮阳虽有内外遮阳之别,但外遮阳更重要。外遮阳除了能满足节能要求之外,更可防眩光以确保采光、眺望的舒适性。室内窗帘或室内百叶帘虽然可以遮挡烈日的直射,但是太阳辐射热量已经进入室内,或者被遮阳构件吸收,对于节能事倍功半。一般来说,全面拉下的明色室内百叶帘仅可挡去正面入射阳光17%的日射热,而在亚热带,南向遮蔽角45°的水平外遮阳板(1.0 m窗高、1.0 m遮阳深度)全年就可遮去68%的日射热。外遮阳在热带、亚热带气候有很好的节能效果,而在寒冷气候区节能效益不显著。

过去传统的钢筋混凝土外遮阳构件存在施工不易、妨碍采光的缺点,目前有许多采用多孔隙、百叶型的金属外遮阳设计,这样的设计使美观与采光获得明显改善,许多图案化、艺术化的外遮阳设计会增加建筑立面的美感。对于金属帷幕外墙的外遮阳设计,一些外遮阳构件以穿孔钢板、格栅金属板、金属网格做成,不但轻巧而且兼具散射导光功能。这些规格化、轻量化的外遮阳已成为一些热带、亚热带气候区域幕墙节能设计的特色。一些外遮阳构件设计成洗窗兼维修的外走廊,不但有遮阳的功能,又有安全舒适的外墙清洗空间,还能省下昂贵的洗窗设备费用,一举数得。而对于住宅建筑,外遮阳构件还可以兼起挡雨板(雨篷)的作用。一些精心设计的外遮阳构件可以彰显民俗风情,成为建筑艺术的重要元素。

为了对比篷布和百叶帘南向窗户遮阳对室内热环境的影响差异,选取湖南衡阳某高校办公楼顶层两间南向房间实测,两房间面积、朝向、布局相同,功能相似,且都为非空调房间,测试房间周围均无任何遮挡,太阳能够直接照射,测试期间室内无任何设备及人员热扰。南向墙为外墙,窗墙比约24%;东西向为内墙,无门窗;北向墙为内墙,入口连通楼内过道;墙体为普通空心混凝土砌块墙。采取对比实测法,即找两间完全相同的房间,其中一间无窗户遮阳措施,另一间设置篷布或百叶帘外遮阳作为对比。外遮阳对改善室内热环境效果是十分明显的。

第一,外遮阳能有效降低室内温度,白天外遮阳室内温度可比无遮阳室内温度最大降低2.0 ℃,外遮阳室内温度可比室外温度最大降低3.5 ℃,外遮阳室内热稳定性较好,室温波动平缓,变化幅度较小,有利于人体对热环境的适应。

第二,外遮阳能有效防止白天太阳辐射造成的室内温度过高,并降低环境综合温度,同时减少室内设备的辐射得热和蓄热,从而降低室内设备、墙体夜间散热量。

第三,百叶帘外遮阳与篷布遮阳相比,白天两种遮阳方式效果相差不大,但在夜间,百叶帘遮阳的降温效果明显好于篷布遮阳,百叶帘遮阳有较好的透气性,对空气流通的阻碍小于篷布遮阳,百叶帘遮阳有利于室内的夜间散热及通风。

第四,无遮阳窗玻璃热流密度明显高于外遮阳,两者平均值相差2倍以上。相较于无遮阳,外遮阳可降低62%左右的热量进入室内,说明外遮阳能非常有效地减少建筑得热。

第五，无论遮阳与否，室外夜间温度都明显低于室内温度，如果能够有效组织夜间通风，可以进一步改善室内热环境。

四、幕墙保温与隔热

目前有一股模仿欧美建筑的风气，其中从建筑节能的角度，尤其以抄袭寒带的双层皮玻璃幕墙（DSF）为一种典型的盲目照搬误区。双层皮玻璃幕墙因为优良的保温特性，在一些国家的玻璃幕墙办公建筑中已经相当流行，然而在温热气候区域，盲目采用"双层皮"反而造成能源浪费。

双层皮玻璃幕墙的构造形式最早出现在 20 世纪 70 年代的欧洲，其目的是解决大面积玻璃幕墙建筑在夏季出现过热的问题，高层通风可控的需求以及单纯外遮阳维修、清洗困难等问题。主要做法是在原有的玻璃幕墙上再增设一层玻璃幕墙，在夏季利用夹层百叶的遮挡与夹层通风将过多的太阳辐射热排走，从而减少建筑物的空调能耗；冬季时打开百叶，关闭通风，形成温室效应。

双层皮幕墙作为一种较新的幕墙形式，近些年来在欧洲办公建筑中应用较多，据统计已建成的各种类型的双层皮建筑在欧洲有 100 座以上，分布于德国、英国、瑞士、比利时、芬兰、瑞典等国家。近年来，国内一些高档建筑也开始了使用各类 DSF 的尝试，且主要集中在北京、上海、广州、南京等经济发达的中心城市。

双层皮幕墙种类繁多，最为常见的是根据通风方式的不同划分为外循环式和内循环式两种。其中外循环式还可分为外循环自然通风式和外循环机械通风式。此外，可以根据夹层空腔的大小、通风口的位置、玻璃组合及遮阳材料等不同分为其他类型，如"外挂式""箱式""井一箱式"和"廊道式"。其实质是在两层皮之间留有一定宽度的空气间层，通过不同的空气间层方式形成温度缓冲空间。由于空气间层的存在，可在其中安置遮阳设施（如活动式百叶、固定式百叶或者其他阳光控制构件）；通过调整间层设置的遮阳百叶，并利用外层幕墙上下部的开口辅助自然通风，可以获得比普通建筑使用的内置百叶更好的遮阳效果，同时可以实现良好的隔声性能和室内通风效果。

对于外循环自然通风幕墙，其内层幕墙一般由保温性能良好的玻璃幕墙组成，主要起到冬季保温、夏季隔热的作用。而外层幕墙通常为单层玻璃幕墙，主要起到防护的作用，保护夹层内的遮阳装置不受室外恶劣气候的损坏，同时，设置在外层立面的开口可以调节夹层的通风。这种幕墙的主要特点就是利用夹层百叶吸收太阳辐射热后形成的烟囱效益，驱动夹层空间与室外进行换气，从而达到减少太阳辐射得热的目的。为了获得较好的自然通风效果，其夹层的宽度一般不小于 400 mm。与自然通风的外循环双层皮幕墙相比，外循环的机械通风幕墙为了减少幕墙结构对建筑面积的占用而缩小了两层幕墙之间的间距，夹层间距一般小于 200 mm，由于夹层较窄，加上夹层百叶的设置，夹层通道的流动阻力增大了。为了减少太阳辐射得热，通常采用机械方式对夹层进行辅助通风。当夹层有效通风宽度小于 100 mm 时，单纯依靠烟囱效应进行通风已经不可行，这时需要采用辅助机械通风的方式来强化夹层的通风，一般通风量不宜小于 100 m³/h。考虑到增加通风量直接影响风机能耗，因此存在一个最佳的机械通风量范围。

对于内循环机械通风双层皮幕墙，在构造上与前面两种幕墙有较大的区别。它把保温性能好的幕墙设置在外层，而内层幕墙为普通单层玻璃。它主要是依靠机械的方式将室内的空气抽进夹层，利用温度相对较低的室内空气来冷却吸收太阳辐射后升温的夹层，减少太阳辐射得热。对于内循环式双层皮幕墙，适当减少机械通风量和提高通风启动温度可以节省电耗，不会增加房间负荷和装机容量。

双层皮幕墙进出风口的大小尺寸以及所处立面的位置也会不同程度地影响空气流通通道的阻力，从而影响通风量。一般来说，在不影响立面美观的前提下，开口面积越大越好。对于孔板开口，开孔率不宜小于 0.3；对于悬窗开口，其开启角度不宜小于 30°。遮阳百叶位置对于双层皮幕墙的夹层通风量也有一定影响。实验和理论计算表明，百叶位置在夹层中间偏外 10%～20% 的宽度位置，可获得最佳的隔热和通风效果。

尽管双层皮幕墙有一定的节能效果，但是由于其使用会增加 1500～2000 元/m²（立面面积计算）的成本，同时会浪费一定的使用面积，因此是否采用需要慎重。

五、通风换气窗技术

通风换气窗是利用玻璃空腔夹层进行换气的一种方式。它与传统普通窗的根本区别在于它由两层玻璃组成，玻璃之间孔隙为可以进行自然或强迫对流换热气流通道，两层玻璃的传热性能通常是不同的。现有的通风换气窗主要有四种类型，即送风窗、排风窗、室内空气幕窗、室外空气幕窗，每个窗子的左侧为室外，右侧为室内。典型应用是冬季，送风窗从室外向室内送风；供冷季节，排风窗从室内向室外排风。室内空气幕窗和室外空气幕窗的通风路径分别为室内向室内和室外向室外。所有窗子都是利用热浮升力的作用带动气流由下而上流动。供暖季节，排风窗也可以由上而下进行排风。

一般通风换气窗的原理是利用窗子吸收太阳能,并根据窗子的不同形式将这部分能量回收或排除。在供暖季节,太阳能被回收,用于预热送风窗的新风,再热室内空气幕窗的回风,这样可以减少对流热损失;在供冷季节,太阳能被排走,通过排风窗和室外空气幕窗气流的对流换热。送风窗还可以用于夜间通风制冷。这些通风窗都与机械空调系统结合使用。

送风窗适用于通风房间多为负压的建筑,同时与通风房间相连的房间密封性能应该比较好,以保证通风窗的通风效率。送风窗的主要驱动力为热浮升力(热压)。窗子吸收太阳能后会加热通风腔内的气体,使腔体内热空气向上流动形成温度分层。热浮力的强度受与窗子高度相关的垂直温度梯度的影响,一般窗子越高,垂直温度梯度越大——热浮力越强。当热浮力较小时,负压房间可以便于气流流入。

排风窗适用于通风房间多为正压的建筑。与普通窗相比,排风窗能够提高热舒适性。这是因为室内的空气首先排入排风腔,在供暖季高于室外空气温度,在供冷季低于室外空气温度,使室内玻璃表面与室内空间温差减小,从而减小辐射换热,提高热舒适度。同时还可以减小通过窗体的导热。排风窗的驱动力可以是热浮力,也可以是向室内加压的机械力。

空气幕窗适用于密闭空间或有专门新风系统的建筑。空气幕窗虽然不能提高室内空气品质或满足通风要求,但可以降低能耗并且提高室内舒适度。室外空气幕窗在供冷季节的晴天应用效果最好。室外的暖空气在热浮力的作用下在气流腔内自下而上流动,当室外空气进入腔体内时吸收了太阳能,被加热后又排出腔体,从而带走窗子吸收的部分太阳能,同时减少了辐射和导热对室内的传热。相反,室内空气幕窗在供暖季节的晴天应用效果最好,当室内空气进入腔体内时吸收了太阳能,被加热后重新送入室内空间,这部分空气吸收了太阳辐射热,而且在墙体内加热了玻璃表面温度,减少了辐射换热,提高了热舒适性。近年来,也有人对空气幕窗进行了进一步优化设计,开发出了一种"可逆转的玻璃模块",叫作改良空气幕窗,这种窗子在供暖季节可以采用室内空气幕窗控制模式,在供冷季节翻转使用,可以采用室外空气幕窗控制模式,使窗子全年都在最佳控制模式下工作,从而进一步提高了窗子的性能。

通风换气窗的发展趋势是,除了满足室内通风换气的基本要求外,还能隔绝室外噪声,过滤室外空气及实现排风热回收。

第三节 墙体隔热保温

一、节能建筑对墙体保温性能的要求

墙体保温技术按照现行的建筑节能设计标准的要求,居住建筑的墙体和屋面都要具有比较高的热阻。例如,夏热冬暖地区要求外墙的传热系数为 1.5～2.0 W/(m·K),大致相当于 240～370 mm 厚度的实心黏土砖墙的传热系数。夏热冬冷地区要求外墙的传热系数为 1.0～1.5 W/(m·K),大致相当于 370～650 mm 厚度的实心黏土砖墙的传热系数。寒冷地区和严寒地区要求还要高得多,例如,哈尔滨住宅墙体的保温性能要求大致相当于 1.5 m 厚度的实心黏土砖墙的保温性能。随着建筑节能要求的提高,北方建筑墙体的保温性能还可能进一步提高,显然,仅仅依靠传统的墙体材料来满足建筑节能的要求是不太可能的。

用新型墙体材料取代传统的黏土烧结砖是我国既定的墙改政策,落实这项政策的同时,必须考虑建筑节能的要求。我国城镇的建筑基本上都是多层和高层,因此墙体材料大多要考虑承重的需要。要开发出既能满足承重要求,又能同时满足很高的节能要求的新型墙体材料是非常困难的。尤其在北方地区,由于对墙体保温性能的要求非常高,开发出同时能满足承重和保温两种性能要求的墙体材料,以目前的技术水平是不可能的。因此,必须考虑走复合墙体的道路,将墙体的承重层和保温层功能明确区分开来。国际上,建筑节能做得比较好的国家基本上是处于寒冷气候区的国家,它们的外墙保温都走的是复合墙体的技术路线。我国的建筑节能是从北方开始的,目前墙体保温也走的是这条技术路线。

常见的高效保温材料的保温性能要远远优越于传统的黏土砖。玻璃棉、岩棉、聚苯乙烯泡沫塑料板等保温材料的保温性能均相当于同厚度黏土红砖的 20 倍左右。走复合墙体之路,关键是解决承重材料与保温材料的结合问题,以及保温材料的耐久性问题。

二、建筑保温材料

保温材料的主要特点是:密度小、导热系数小。在建筑保温中,人们通常把在常温(20℃)下,导热系数小于 0.233 W/(m·K)的材料称为保温材料。所以建筑墙体或屋面用的密度小于 700 kg/m³,导热系数为 0.22 W/(m·K)的加气混凝土也属于保温材料。保温材料还要考虑其他方面的要求,如防火性能、耐久性、吸湿性、抗老化性、强度、施工简易程度、生产及使用过程中是否对环境有污染、经济造价等。由于建筑用保温材料的使用环境相差很大,因此其对各种性能的要求也不尽相同。

(一)建筑保温材料的分类

我国保温材料品种多样,产量也很大。由于保温材料品种多样,人们需要根据使用目的、环境要求、施工工艺具体选择。保温材料很难统一分类,按惯例可以从材质、形态、结构等方面进行分类。

▶▶ 1. 按保温材料的材质分类

①有机保温材料。其中包括人工材料[聚苯乙烯泡沫塑料(EPS)、挤塑聚苯乙烯泡沫塑料(XPS)等]和天然材料(稻草板、木丝板、木屑板等)。

②无机保温材料。其中包括人工材料(玻璃棉、超细玻璃棉、陶瓷纤维、硅酸铝、纤维棉等)和天然材料(岩棉等)。

③金属保温材料。如绝热铝箔等。

▶▶ 2. 按保温材料的形态分类

①纤维状保温材料:如矿棉、岩棉、玻璃棉、超细玻璃棉、陶瓷纤维、硅酸铝纤维棉等。

②多孔保温材料:如加气混凝土、聚苯乙烯泡沫塑料、硬脂聚氨酯泡沫塑料等。

③颗粒状保温材料:如泡沫玻璃、膨胀珍珠岩、膨胀蛭石等。

④膏状保温材料:如复合硅酸盐保温涂料等。

⑤多层复合保温材料:如绝热纸、绝热铝箔等。

▶▶ 3. 按保温材料密度分类

①重质保温材料($\geqslant 350\ kg/m^3$):如水泥膨胀珍珠岩、水泥膨胀蛭石等。

②轻质保温材料($50\sim 350\ kg/m^3$):如聚苯乙烯硬质泡沫塑料、泡沫玻璃等。

③超轻质保温材料($\leqslant 50\ kg/m^3$):如聚苯乙烯泡沫塑料(EPS)、硬脂聚氨酯泡。

(二)常用的建筑保温材料

当前,建筑市场上有许多定型开发、专业生产、专业施工的通用保温材料,它们基本分为三大类,即保温砂浆(保温粉)、保温板材和现场发泡保温材料。

▶▶ 1. 保温砂浆(保温粉)

保温砂浆市场上一般称为浆体保温材料、不定型保温材料。工厂加工呈膏状的称为保温涂料,粉状的称为保温粉。保温砂浆根据使用的部位可分为外墙内抹用和外墙外抹用,其性能要求和配料有所不同。目前,市场上有多种掺有发泡苯球的复合保温砂浆,其突出优点是材料本身有一定的强度和阻燃性、施工方便(特别是在外墙弧形拐角或特殊造型处)、在处理外墙热桥问题上有经济实惠的独特之处,另外工人无须经过特殊培训就可使用。这些优点保证了该产品拥有一定的市场。但其材料的导热系数远不如聚苯板和岩棉板。

▶▶ 2. 保温板材

市场上保温板材品种繁多,常见的有单面钢丝网架聚苯乙烯夹芯保温板、单面钢丝网架硬质岩棉夹芯保温板、外表面粘贴用聚苯乙烯发泡板(EPS 板)、挤塑聚苯乙烯泡沫塑料板(XPS 板)、聚氨酯泡沫塑料板(PU 板)、憎水坚壳珍珠岩板等。根据使用部位不同,又可分为外墙外保温用板和外墙内保温用板。

▶▶ 3. 现场发泡保温材料

现场发泡保温材料包括现场发泡聚氨酯填充保温材料和现场发泡氮尿素填充保温材料。后者的主要成分是氮尿素、树脂和发泡乳液,三组按一定比例分别溶于水,充分溶解后,在压缩空气的冲压下产生泡沫,并自由膨胀填充任意空间,可在 21 s 内凝固,氮尿素泡沫呈白色,结构均匀且相互连接在一起,干密度为 10～15 kg/m,憎水率不小于 95%,导热系数为 0.029～0.034 W/(m·K),燃烧性能符合 B1 级难燃材料的要求。但此工艺要求有成套的技术设备和受过良好培训的技术工人,一次性投入较大且造价较高。

(三)影响建筑保温材料热工性能的因素

建筑保温材料多为复杂的毛细多孔体,孔隙中可能充满着空气、湿空气、液态水或冰。建筑保温材料热工性能主要取决于材料的成分、结构特点及热湿状况。对于保温材料的热物理性能，人们最关心的是导热系数，以及维持此导热系数的能力。

导热系数随着孔隙率的增大而减小，密度越小，导热系数越小。但是当密度小到一定程度后，继续扩大孔隙率，导热系数不仅不减小，反而会增大。这是因为过大的孔隙率不仅意味着孔隙数量多，而且孔隙也越来越大，结果是孔壁的温差变大，辐射传热增大，同时孔隙内对流传热也增多，如骨架所剩无几，孔隙贯通，则对流传热显著增大。保温材料由于有强度方面的要求以及尽量小的吸湿率，孔隙率必然受到一定的限制，密度也不可能过小，所以保温材料的密度应当限制在一个合适的范围之内。

材料受潮后，导热系数显著增大，原因是孔隙中有了水分以后，附加了水蒸气扩散的传热量。此外，水蒸气在材料颗粒接缝处的水膜形成了"水衬套"，从而增大了颗粒之间的接触面积，增加了它们的换热。孔隙中的气体一般为空气，具有较低的导热系数[0.03 W/(m·K)]，水的导热系数约为 0.58 W/(m·K)，是空气的约 20 倍，而冰的导热系数约为 2.33 W/(m·K)，是空气的 78 倍、水的 4 倍。当结构内温度降至零摄氏度以下时，首先结冰的是粗的孔隙和毛细管中的自由水，随着温度降低，结冰范围逐渐扩大，导热系数在此过程中随之增大。由此可见，墙体内潮湿对墙体保温影响很大，采暖期间围护结构中保温材料因内部冷凝受潮而增加的重量和湿度，应控制在适当范围内。

三、墙体保温技术

外墙、屋顶是围护结构中面积最大的部分，其保温性能是降低采暖能耗的重要方面。目前在建筑中应用的保温工艺主要有墙体外保温、墙体内保温、墙体夹芯保温、墙体的自保温。过去外墙内保温技术盛行，外墙外保温处于试验阶段，外墙夹芯保温形式基本就没有。近几年，外墙外保温逐渐占据主导地位，外墙内保温明显减少，一些别墅、北方地区低层建筑还使用诸如外墙夹芯保温、复合墙体保温等新型保温体系。

（一）墙体的外保温技术

将高效保温材料置于墙体的外侧就是墙体的外保温技术。外保温技术也分很多种，目前应用的比较多的外保温技术主要有以下几种。

第一,在施工完的墙面上粘贴聚苯乙烯泡沫塑料板,然后做保护和装饰面层。

第二,将聚苯乙烯泡沫塑料板支在模板中,浇筑完混凝土拆模后做保护和装饰面层。

第三,将聚苯乙烯泡沫塑料颗粒混在特殊的砂浆中,抹在外墙面上。

外保温与内保温相比,技术合理,有其明显的优越性,使用同样规格、同样尺寸和性能的保温材料,外保温比内保温的效果好。其主要优点如下。

第一,外保温提高主体结构的耐久性。采用外墙外保温时,内部的砖墙或混凝土墙将受到保护。室外气候变化引起墙体内部温度变化,主要发生在外保温层内,使内部的主体墙冬季温度提高,湿度降低,温度变化较为平缓,热应力减少,因而主体墙产生裂缝、变形、破损的危害大为减轻,寿命得以大大延长。雨、雪、冻、融、干、湿等对主体墙的影响也会大大减轻,从而有效地提高了主体结构的耐久性。

第二,外保温改善人居环境的舒适度。在进行外保温后,由于实体墙热容量大,能蓄存较多的热量,所以诸如太阳辐射或间歇采暖造成的室内温度波动减缓,室温较为稳定;而太阳辐射得热、人体散热、家用电器及炊事散热等因素产生的"自由热"也得到了较好的利用,这就有利于节能。而在夏季,外保温层能减少太阳辐射热的进入,减小室外高气温的综合影响,使外墙内表面温度和室内空气温度得以降低。可见,外墙外保温有利于使建筑冬暖夏凉。

室内居民实际感受到的温度,既有室内温度又有围护结构内表面辐射换热的影响。通过外保温,提高外墙内表面冬季温度,使室内综合温度有所提高,能提高环境热舒适性,在保持室内热环境质量的前提下,适当降低室温,可以减少采暖负荷,节约能源。

第三,外保温可以降低墙体热桥的影响。在寒冷的冬天,热桥不仅会造成额外的热损失,还可能导致外墙内表面潮湿、结露,甚至发霉和淌水。外保温可以维持较高的墙体温度,不易使墙体内部的水蒸气凝结,而内保温的情况正好相反,在主体结构与保温材料的黏结处易产生结露现象,降低了保温效果,还会因冻融造成结构的破坏。在采用同样厚度的保温材料条件下,外保温要比内保温的热损失减少约1/5,从而节约了热能。

外墙外保温结构的保温层与外界环境直接接触,没有主体结构的保护,这就产生了很多影响保温层保温效果和寿命等问题,只有扬长避短,才能促进外墙外保温技术的进一步发展。外墙外保温结构需要注意防护的方面主要包括以下几方面。

▶▶ **1.** 外保温层防火

尽管保温层处于外墙外侧,采用了自熄性聚苯乙烯板,但防火处理仍不容忽视。在房屋内部发生火灾时,大火仍然会从窗户洞口往外燃烧,波及窗口四周的聚苯保温层,如果没有相当严密的防护隔离措施,火势可能在外保温层内蔓延。因此,需有专门的防火构造处理,常见措施有:门窗洞口周边的聚苯保温层的外面,必须有非常严密而且厚度足够的保护面层覆盖;在建筑物超过一定高度时,每隔一层设一防火隔离带;在每个防火隔断处或门窗口网布及覆面层砂浆应折转至砖石或混凝土墙体处并予以固定;另外,采用厚型抹灰面层有利于提高保温层的耐火性能。

▶▶ **2.** 外保温层抗风压

保温层应有十分可靠的固定措施。要计算当地不同层高处的风压力,以及保温层固定后所能抵抗的负风压力,并按标准方法进行耐负风压检测,以确保在最大风荷载时保温层不致脱落。

▶▶ **3.** 贴面砖防脱落

在外墙外保温隔热墙面上粘贴面砖时以下因素必须认真考虑。

①黏结材料的压折比、黏结强度、稳定性等指标以及整个外保温隔热体系材料变形量的匹配性(以释放和消纳热应力或其他应力)。

②外保温隔热材料的抗渗性以及保温隔热体系的透气性(避免冻融破坏而导致面砖掉落)。

③外保温隔热体系的抗震和抗风压能力(以避免偶发事故出现后的水平方向作用力对外保温隔热体系的破坏)。

▶▶ **4.** 墙体外表面裂缝及墙体潮湿

保温层、保护层发生开裂,墙体保温性能就会发生很大的变化,非但满足不了设计的节能要求,甚至会危及墙体的安全。以聚苯板薄抹灰外保温体系为例,其构造施工上存在的主要裂缝隐患包括以下几点。

①要求膨胀聚苯板在自然环境条件下 42 天或 60 ℃蒸汽养护下 5 天后再上墙,使其自身收缩变形已完成 99% 以上,但在实际施工中以上要求难以保证,膨胀聚苯板上墙后继续收缩,收缩应力均集中在板缝处,对黏附在膨胀聚苯板上的

防护层产生拉应力而造成面层开裂。

②膨胀聚苯板在昼夜及季节变化发生热胀冷缩、湿胀干缩时也会在板缝处集中产生变形应力。

③聚苯板薄抹灰外保温体系通常采用纯点粘或框点粘,存在整体贯通的空腔,正负风压对保温墙面进行挤或拉,而这些力的释放点均在板缝处,也易造成板缝处开裂。极端情况下负风压会将保温板掀掉。

④膨胀聚苯板与抗震砂浆的导热系数相差 22 倍,聚苯板保温层热阻很大,从而使防护层的热量不易通过传导扩散,夏天高温时,当受太阳直射时热量积聚在抗裂砂浆层,其表面温度将高达 50～60 ℃,遇突然降雨,表面温度会大幅降低,温差变化以及受昼夜和季节室外气温的影响,对抹面砂浆的柔韧性和网格布的耐久性提出了相当高的要求。

墙体节能是建筑节能的主要部分,随着建筑节能要求的提高,对墙体的保温性能要求也在逐步提高。但盲目增加苯板厚度,墙体的保温效果改善并不明显。一味地增加保温厚度,加大了投资成本,节能效果也没有太大改善,而且由于保温层变厚,增加了自身的重量,其更容易脱落,这就增加了施工难度。综合考虑,主体为 240 mm 砖墙的复合墙体,保温层的经济厚度为 90 mm;主体为 370 mm 砖墙的复合墙体,保温层的经济厚度为 85 mm。随着节能要求的提高,当苯板厚度已不能满足需求时,应该考虑节能效果更好的保温材料,如上文提到的挤压型聚苯乙烯泡沫板(XPS板),或者提高围护结构其他组成(门、窗、热桥等部分)的节能效果。

(二)墙体的内保温技术

墙体内保温即将高效保温材料置于外墙的内侧的保温方法。

与外保温相比,墙体内保温有个明显的好处就是施工简单,保温材料的寿命也不用太担心,墙体外面是否能贴面砖同保温也没有关系。另外,内保温对一套住宅内只有部分房间在部分时间内开启采暖空调比较有利,房间升温、降温速度快。

内保温也有以下一些缺点。

第一,保温层不能连续,楼板、顶棚与外墙的连接处,内隔墙与外墙的连接处都会形成热桥,大大降低了整面墙的保温性能,其围护墙体的热量损失也相应增大。

第二,冬季室内的水蒸气比较容易渗透过保温材料层,在保温材料与外墙的交界面结露、结霜。

第三，与外保温复合墙体相比，内保温复合墙体由于所形成的热桥部位多，因此内保温复合墙体的保温层厚度应加厚，在各种条件完全相同的情况下，保温材料的厚度约增加30%，建筑物的使用面积也相应减少2%～3%。

第四，与外保温相比，内保温室内的防火安全隐患更大。

事实上，在北欧、西欧以及我国北方刚开始提倡建筑节能的时候，墙体的保温是从内保温着手的，后来发现上述问题不易解决，才转向发展外保温技术。

内保温技术固有的问题并不是一定不能解决。日本的北海道地区冬季气候严寒，但该地区的不少住宅建筑就采用了外墙内保温技术。为削弱外墙内保温不可避免的热桥效应，日本的规范规定了在外墙与楼板、顶棚的连接处，外墙与内隔墙的连接处，外墙内表面的保温层必须弯折90°，沿楼板、顶棚、隔墙向内延伸一定的长度。防火安全则要靠保温材料和面层的阻燃性能来保证。

（三）墙体的夹芯保温技术

夹芯保温墙体就是将高效保温材料放置在内外两片由砌块所砌筑的墙体中间。夹芯保温墙体的优点主要是：①保温材料得到较好的保护；②建筑物的外表仍旧保留砌块建筑特有的风格，尤其是劈裂砌块的仿石表面效果可应用于高档建筑。夹芯保温墙体的缺点主要在于：内外两片墙必须用钢筋网片或金属拉结件连接，同时在墙体与每一层梁或楼板的搭接部位都会形成热桥，这在寒冷和严寒地区很容易造成内表面局部结露。

混凝土小砌块夹芯保温墙体建筑在我国有很成功的工程实例，其中不仅有普通的建筑，还有不少高档的建筑。在地处严寒的大庆市，这种夹芯保温墙的住宅建筑也建造得很成功。目前来看，混凝土小砌块夹芯保温墙体比较适合在北方偏南地区和中部偏北地区使用。在保证结构安全的前提下，构造节点的处理非常重要。能否妥善解决内外两片墙体的拉结问题，以及外墙与楼板连接处的保温构造问题，避免发生结露现象，是夹芯保温技术能否得到广泛应用的关键。

（四）墙体的自保温技术

开发和应用既能满足承重又能满足保温要求的墙体材料是人们追求的目标。加气混凝土、多孔页岩砖、多孔淤泥砖、镶嵌了高效保温材料的混凝土小砌块等，都是这一类的墙体材料。墙体自保温技术构造简单、施工速度快、可靠性高、耐久性好,避免了复合墙体面临的主要技术问题。

一般来说,这类材料保温性能不是很好,与常用的高效保温材料相比仍有很大差距,所以主要适用于对墙体保温性能要求不是很高、热桥影响较小的南方和中部地区。开发无机的保温砂浆,与自保温墙体配合使用,能够较好地弥补自保温墙体保温性能的不足。例如,保温砂浆的导热系数值大致为 0.1 W/(m·K),200 mm 厚混凝土空心砌块墙体内外各抹 30 mm 保温砂浆,总热阻可以达到 0.77 m² · K/W,传热系数接近 1.0 W/(m²·K),基本可以满足南方和中部地区墙体的要求。需要特别注意的是:由于保温砂浆多为现场搅拌,其物理性能与传统抹面砂浆区别较大,施工时需要严格控制砂浆质量和施工质量,否则其热工性能会大幅降低。

(五)因地制宜应用墙体保温技术

应用墙体保温技术的目的是削弱或抑制由室内外温差引起的墙体传热。由于我国幅员辽阔,各地气候差异很大,因此墙体保温技术的应用和发展也应该有明显的地区区别。墙体保温技术的应用和发展大致可按北方、中部和南方三个地区来考虑。北方地区冬季室内外温差很大,建筑的采暖负荷大,其中很大一部分负荷来自墙体传热,因此墙体保温技术应该坚持以外保温为主,最大限度地发挥保温层的作用。中部地区的建筑冬季采暖负荷远小于北方的建筑,但夏季有空调降温的需求,情况更加复杂。一般来说,对那些冬季连续采暖、夏季连续空调而且室内负荷不大的建筑,应用墙体外保温技术可能利大于弊。对一般的住宅建筑,冬季采暖和夏季空调都是断续的、部分室内空间的,应用墙体内保温技术可能更加适宜。南方地区的建筑夏季有空调降温的需求,而且空调负荷中墙体传热所占比例也不大,因此应该发展和应用墙体自保温或墙体内保温技术。混凝土小砌块夹芯保温墙体比较适北方偏南地区和中部偏北地区,在保证结构安全的前提下,必须避免内表面发生结露,构造节点的处理非常重要。

四、通风墙技术

我国民间常用的黏土砖空斗墙就是有封闭空气间层的墙体,要提高空斗墙的隔热效果,可做成通风的空斗墙,即在墙的上部开排风口,下部开进风口,利用热压使间层内空气流通。墙做成夹空气间层的两层墙体,复合结构的内侧宜采用适当厚度的重质材料,或在墙外加设防晒墙,利用空气间层起到很好的隔热效果。例如,采用双排或三排孔混凝土或轻集料混凝土空心砌块墙体,设置带铝箔的封闭空气间层。

我国很多地方建成了带有通风墙的建筑,主要目的有的是保温,有的是隔热。例如,在天津、潍坊等地建成了以保温为主要目的的通风墙;在广东、湖南等地建成了以隔热为主要目的的通风墙。

通风墙夹层内的自然通风是由风压和热压引起的。而其对流换热属于有限空间换热,受热后的空气不能像大空间环境空气那样自由膨胀,不能无限制地增厚热边界层,所以空气的平均温升比自由空间换热时更大、密度更小、升力更大,从而使气流得到加速。但是,随着升力的增大,流速增加,流阻也将增大。这样,在小温差、小间距时以导热、换热为主要换热方式,而当间距足够大时,其换热将接近于自由空间换热。因此,通风墙夹层内的空气流动不仅与温差有关,而且与抽吸通道的几何参数(高度、间距、宽度)及通道开口位置、大小等情况有关。

通风墙能对室内形成热屏蔽,主要有三种表现形式:其一是在炎热的夏季,通风墙通道里的进气口和出气口全部打开,由于烟囱效应,空气将在通道中自下而上运行,在空气运行过程中,将通道内的热量带出通道,使得内墙处于较低的温度环境中,阻止了热量由室外流向室内;其二是在冬季,通风墙中通道里的进气口和出气口全部关闭,通道中的空气静止,在阳光的照射下,通道中的空气将有较大的温升,使得内墙处于较高的温度环境中,阻止了热量由室内流向室外;其三是双层通道墙的传热系数比单层墙的传热系数降低很多,阻止了室内外环境热量的交换。

另外,通风墙隔声性能优异,主要原因有两个:其一是按质量定律,多一层墙会增加墙面密度,因此隔声量增加;其二是由于增加了空气层,所以增加了空气对声波振动的衰减作用,隔声量增加。

通过对某建筑的实验得知,当一天内室外温度变化范围为 22~33 ℃时,太阳辐射强度的变化范围为 86~583 W/m² 时,设有通风墙的一层卧室的墙体内壁面的温度最高可达 31.2 ℃,室内温度最高为 29.3 ℃,同层同方向设有保温砂浆的卧室的墙体内壁面的温度最高可达 33.2 ℃,室内温度最高为 31.8 ℃;设有通风墙的二层卧室,距离楼板 1.5 m 处墙体内壁面的温度最高可达 32.9 ℃,室内温度最高为 30.0 ℃,而同层同方向设有普通保温砂浆的墙体内壁面的温度最高可达 33.8 ℃,室内温度最高为 32.2 ℃。由此可以得知,设有通风墙的房间的热舒适性优于设有保温砂浆和普通砂浆的房间的热舒适性。

第四节　屋顶节能设计

一、屋顶结构对建筑能耗的影响

屋顶是住宅建筑的重要组成部分,是住宅最上层覆盖的外围护结构。屋顶是受气候影响最显著的部位,其结构对顶层空间的热环境与节能影响也最显著,尤其住宅、疗养院、学校、文化中心、礼堂、体育馆、购物中心、超市等低层建筑或大空间的屋顶保温,更是影响环境舒适性与建筑节能的关键。

在炎热的夏季,建筑物屋顶是所有建筑围护结构中接收到太阳辐射热最强的部位,也是建筑隔热设计要重点处理的部位,通常水平屋面外表面的空气综合温度达到 60～80 ℃,顶层室内温度比其下层室内温度要高出 2～4 ℃,通过屋顶进入室内的热量是造成顶层住户温湿度环境和热舒适性差的主要原因。在冬季,夏热冬冷地区屋顶的耗热量约占住宅建筑总热量损耗的 10%,这部分热量仅由顶层住户的屋面而损失,因此对顶层住户的影响很大。据测算,室内环境温度每降低 1 ℃,空调能耗减少 10%,而温度每降低 1% 就能节省 5% 的电力,而人体的舒适度也会大大提高。对于顶层住户而言,屋顶作为一种建筑物外围护结构所造成的室内外温差传热耗热量,大于任何一面外墙和地面的耗热量。因此,提高建筑屋面的保温隔热能力能有效地调节和改善建筑物内的微环境,降低能源消耗,提高舒适水平。

二、通风屋顶技术

对于以隔热节能为主的南方地区和夏热冬冷地区,利用双层屋顶通风的隔热方法,也即在平屋顶上加建一透空通风的第二层屋顶,其间的通风空气层在 50 cm 以上,几乎可将强烈的太阳辐射热完全去除。对于大面积钢结构屋顶,则可巧妙地采用中间对流通风的双层钢板屋面来设计,南方地区一度广泛采用的架空混凝土预制板隔热屋顶结构也有良好的太阳隔热作用。但这种结构显然不能用于北方屋顶保温,北方严寒季节的室内外温差往往在 10 ℃ 以上,对于这种架空结构,热面在下,冷面在上,架空层内自然形成蜂窝状对流,对流空气层不仅不能隔热,反而强化了热量由室内向室外传递。

在通风屋顶的架空结构中,屋顶外表面受太阳照射后,除反射部分热量外,面层外表面接受的热量经材料层传到面层的内表面——使内表面温度升高,再以辐射和对流的方式向空气间层和基层传热。在间层中,空气得热变轻形成热压差,结合建筑不同方位的风压差,间层内形成自然气流,空气不断由通风间层一侧流入,另一侧流出,带走间层内一部分热量,从而减少室外向室内的热量传递,正是这一点,提高了屋顶的隔热能力,对于建筑顶层,通风屋顶对改善室内热环境、降低能耗的效益尤其显著。

利用通风间层做屋顶隔热层,使得室内通过屋顶与室外的换热由一次传热变成二次传热,并实现对流换热热分流,这种构造形式不仅在高温环境有利于室内外隔,而且当太阳辐射减弱和室外气温低于室内气温时,能强化室内向室外散热,尤其适合过渡季节以自然通风散热为主的情况下,要求白天隔热性能好,夜间散热快的建筑。

屋顶通风散热的动力主要是自然风压和热压。

气流受到阻挡后流向和流速发生改变,在房屋不同方位和区域形成正负大小不同的静压区。无论平屋顶或坡屋顶,迎风面处于正压区,背风面处于负压区。对于平屋顶,迎风面进气,背风面排气。对于坡屋顶,当上开口无遮风板时,在风力作用下,迎风面下开口总是进气;多数情况下,上开口也是进气,但如果处于负压区,上开口就开始排气;在背风面,上开口总是排气,而下开口可能进气也可能排气。这是因为当屋面气流进入迎风面上开口,穿过背风面上开口而流出时,可能在屋脊开口处形成一个较强的风幕,这使得来自迎风面下开口的气流大部分冲进背风面间层处,形成背风面下开口排气。如果上开口有遮风板,则两面上开口都排气,下开口都进气,显然通风效果最好。

在同样的风力作用下,通风口朝向与风向的偏角(即风的投射角)越小,间层的通风越好,故应尽量使通风口面向夏季主导风向。由于风压与风速的平方呈正比,间层面层在檐口处适当向外挑出一段,能起兜风作用,可提高间层的通风效果。

间层空气被加热后温度升高,密度变小。当进气口与排气口之间存在着压差时,热空气自然就会从位于较高处的排气口逸出,同时从进气口补充温度较低的空气。热压的大小取决于进、出气口的温差和高差,温差与高差越大,热压越大,通风量就越大。

若通风间层两端完全敞开,且通风口面对夏季主导风向,那么通风口的面积越大,通风越好。对于坡屋顶,排风口应设在屋脊处,使热空气上升而顺畅地流出。由于屋顶构造关系,通风口的宽度往往受结构限制,通常已固定,在同样宽度的情况下，风口的面积只能通过调节通风层的高度来控制，且排风口面积应大于或等于进风口面积。

实验表明，间层高度增高，对加大通风量有利，但增高到一定程度之后，其隔热效果的提高不显著，且增加了屋面自重和造价。一般情况下，采用矩形截面通风口，房屋进深为 $9\sim12$ m 的双坡屋顶或平屋顶，其间层高度可取 $200\sim240$ mm，坡顶可用其下限，平屋顶可用其上限（拱形或三角形的截面，其间层高度要酌量增大）。夏热冬暖地区，如果屋顶深度大，或者坡度较小，为使间层通风顺畅，就可适当提高间层高度。

为了保证间层通风顺畅，间层内壁应比较光滑。施工时注意清除间层内遗留的建筑材料碎块或砂浆，尽可能减少横向构件阻挡间层，利于通风和对流换热。

檐口处的进风口应基本朝向夏季主导风向，以便利用风压来增加间层的气流速度。间层的排气口，如果是坡顶，应设在屋脊处，使热空气上升排出顺畅；如果是平屋顶，而且屋顶面积较大，可在屋顶中部设排气小楼，以缩短气流路程，减小阻力。为进一步增加气流流速，可在排风口的盖板上涂上深的颜色，例如黑色的沥青，加强这部分的吸热能力，提高这部分的温度，造成进、排气口之间有更大的热压差，这就能加快间层的空气流速。

如进、排气口处在雨水不能到达的地方，应尽可能让它开敞。如要防雨，在夏热冬暖地区，应该用面积较大且叶片间距离较大的百叶窗，以免通风口因面积过小和阻力过大而使通风量过小和风速过低，不能充分发挥吊顶上较大的间层的通风隔热作用，或可用固定通风防雨窗代替百叶窗；在夏热冬冷地区，最好用能启闭的通风窗，在冬季时关上，使屋顶能起到保温作用。

此外，根据实验，同样材料和构造、同样高度的空气间层，单向通风要比双向通风的隔热效果好。双向通风时，两向气流交叉，压力相互抵消；又由于垫块的阻挡，形成气流旋涡，影响了流速。单向通风一般是起强制对流作用，进风口基本是正压，排风口基本是负压，故通风顺畅。

平屋顶常设女儿墙，应在女儿墙的下部，正对间层的进、排风口留有通风洞，以免女儿墙挡风和降低间层通风隔热的效果。

为了降低气流局部阻力，在设计进、出风口的面积时，要使其比间层横截面的面积大。若进、出风口有启闭装置，应尽量加大其开口面积，并注意使装置有利于通风，以减小局部阻力，增大通风量，从而提高屋顶的隔热能力。通风路线要尽可能短，不宜沿屋面长度方向设计，否则会使其过长，间层内通风阻力过大，空气不宜排出，实际效果接近于封闭的空气间层，不能充分发挥通风间层的隔热作用。

三、屋顶绿化节能降温技术

屋顶绿化可以理解为在各种建筑物、构筑物、城围、桥梁（立交桥）等的屋顶、露台、天台、阳台或大型人工假山山体上进行造园、种植树木花卉的统称，也可以简单地说是建造在各类建筑及其他人工构筑物上的各种绿化的统称。通常屋顶绿化也称作屋顶花园、空中花园等。

屋顶绿化的分类方式如下。

第一，按使用要求分：公共游览性、营利性、家庭式、科研生产性。

第二，按绿化形式分：地毯式、花坛式、棚架式、苗床式、花园式、庭园式。

第三，按空间位置分：开敞式、封闭式、半开敞式。

第四，按高度分：低层和高层。

第五，按花园植物、建筑的方式分：成片种植式、分散周边式和庭院式。

目前研究屋顶绿化的学者最经常使用的是按绿化效果分成的两大类：一类是一般情形下不上人的屋面，荷载小，适合种植管理粗放的景天科、多年生地被植物，称作屋顶草坪或是轻型屋顶绿化；另一类是乔灌花草搭配，亭榭花架、小桥流水、体育设施综合在一起的，供人们休闲娱乐的绿色空间，称作重型绿化。

屋顶绿化的功能是多方面的，从美学、建筑学、园林生态、环境保护、城市建设等各个角度都能发现其不同的生态效益、经济效益和社会效益。这些功能主要包括以下方面。

（一）提高绿地率，改善城市空中景观

没有土地成本，屋顶绿化是城市中心区最廉价的绿化方式。城市人均绿化面积是衡量城市生态环境质量的重要指标。据国际生态和环境组织的调查：要使城市获得最佳环境，人均占有绿地需达到 4 m² 以上。我国城市建筑密度大，人口多，多数城市的人均绿化面积不足 4 m²。屋顶绿化使绿化向空间发展，为增加城市绿化面积提供了一条新的途径。

（二）对屋顶建筑构造性能的改善

没有屋顶绿化覆盖的平屋顶，夏季阳光照射，屋面温度很高，可达 80 ℃以上；冬季冰雪覆盖，夜晚温度最低可达 -20 ℃，较大的温度梯度使屋顶各类卷材和黏结材料经常处于热胀冷缩状态，加之紫外线长期照射引起的沥青材料及其他密封

材料的老化现象,屋顶防水层较易遭到破坏造成屋顶漏水。经过绿化的屋顶由于种植层的阻滞作用,屋面内外表面的温度波动较小,减小了由于温度应力而产生裂缝的可能性;由于屋面不直接接受太阳直射,延缓了各种密封材料的老化,也增加了屋面的使用寿命。

(三)对城市气温的改善

屋顶绿化后,绿色屋面的净辐射热量远小于未绿化的屋面,同时,绿色屋面因植物的蒸腾和蒸发作用使得绿色屋面的储热量以及泥土和大气间的热交换量大为减少,从而使绿化屋顶蓄热量少,热效应降低,破坏或减弱了城市的"热岛效应"。另外,绿色屋面还具有隔热(夏季)、保暖(冬季)作用。实行屋顶绿化后,建筑室内温度可降低不少,对于节约能源效果明显。

(四)保护城市生物多样性

屋顶绿化是城市绿色空间的重要组成部分,是维持和保护生物多样性的重要场所。系统实施屋顶绿化后,增加了城市的绿地面积,提高了城市的自然度,是各种鸟类、昆虫及其他生物的良好栖息地与生活场所,对增加生物的个体数量和种类有重要意义。而城市生态系统中生物多样性的提高对城市居民生活质量有正面的影响。

(五)节水和调节气候

随着城市硬化面积的扩张,暴雨峰流量明显增大,雨季极易造成排水不畅和洪涝灾害。屋顶经绿化后,由于植物对雨水的截留、蒸发作用以及人工种植土对雨水的吸纳作用,屋面汇流的雨水量可大幅降低。同时,在天气干旱时,滞留在绿化土壤中的水分蒸发可适当缓解旱情。

(六)降尘、降噪、除污染

植被是吸滞空气灰尘的天然过滤器,屋顶绿化能吸收 CO_2、NO_2、SO_2 等有害气体,释放氧气,具有一般绿地的通用用途,而且由于屋顶绿化分布在城市的各空间层,于是它的存在减少了城市空气中污染物的流动,另外,还有以下作用:抑制扬尘污染,吸附粉尘,净化城市高空空气,减少二次扬尘。同时,屋顶绿化对噪声也有一定的吸收效果,植物的吸声效果远比建筑屋面要好。

（七）提供娱乐空间

城市化进程的加快、城市人口的急剧增长，导致人均绿地面积下降，人均可使用的户外空间也相应减少。同时由于社会节奏的加快，人们选择外出散步、休闲、娱乐的时间也越来越少。而屋顶绿化能为人们提供一个节省了时间、扩展了空间、放松心情、缓解压力、好好休息、娱乐的户外平台，更益于人与社会的和谐发展。

降雨对绿化层的隔热性能有一定影响，降雨天气绿化屋顶构造保温隔热效果相对较差，但始终要优于未做绿化的屋顶，同时，绿化屋顶构造的隔热性能相对更稳定。

第五章　通风与建筑节能

通风在改善居住环境方面起着十分重要的作用,有效通风不仅能够改善室内空气品质,保证室内人员的身体健康,同时也能够带走室内的余热、余湿,减少居住建筑采暖空调能耗。通风对建筑节能、改善室内环境热舒适的效果和其适用性受到区域气候条件、建筑结构设计、功能要求,以及通风方案等多种因素的综合影响。

第一节　自然通风与热舒适

空气流动增加了人体与周围空气的对流换热量,以及人体的汗液蒸发量,从而提高了人体在热环境下的舒适性。对流换热的有效性取决于空气的温度,只有在空气温度低于皮肤表面温度的范围(32~34 ℃)时,提高空气流动的速度才能达到增加人体与周围空气的对流换热量。蒸发散热率取决于气流速度和空气的水蒸气压力的大小,提高空气流速能够增加蒸发散热量,但水蒸气压力提高,散热率减少。同时,通过自然通风获得舒适的程度取决于在通风情况下人们能够接受的最高温度和最大空气流速。比如说,对于办公建筑,人们不希望风速超过1.5 m/s,因为这个风速能够吹动办公桌上的纸张,使人不快;对居住建筑内的人,空气流速的上限可以高一些。

一、人体热舒适的影响因素

人体热舒适的影响因素既包括室外气候、建筑环境等客观物理因素,也包括年龄、性别、体质、着装、运动量、热经历等个体因素,同时还包括文化、心理、生活习性等社会性因素。个体因素和社会性因素对热舒适感的影响往往难以量度。

(一)物理因素

▶▶ 1. 空气温度

房间内空气温度直接决定人体与周围环境的热平衡,是影响舒适与节能的重要指标。人体对温度的感觉是相当灵敏的,通过机体的冷热感受器可以敏锐地对冷热环境做出判断。在某些情况下,人的主观温热感觉往往较某些客观的生理量度更具有意义。医学研究表明,温度超过 30.0 ℃ 或低于 12.0 ℃,人体的血液循环会出现明显异常,在 30.0 ℃ 以上,胃酸分泌减少,胃肠蠕动减慢,食欲下降。因此 30.0 ℃ 和 12.0 ℃ 是建筑室内热环境的上、下限。

▶▶ 2. 相对湿度

相对湿度直接或间接影响人体的热舒适,它在人体能量平衡、热感觉皮肤潮湿度、室内材料的触觉、人体健康以及室内空气品质的可接受方面是一个重要的影响因素。相对湿度对于人体热舒适的影响,主要表现在影响人体皮肤到环境的蒸发热损失方面。当相对湿度保持为 40.0%～70.0% 时,人体可以保证蒸发过程的稳定,而且此时空气流速的作用非常重要。如果空气处于静止状态,则会造成靠近皮肤的空气层水蒸气的压力较大,人体表面蒸发受阻,从而导致不适。在高温环境中,如果相对湿度高于 70.0%,这种环境就会抑制人体散热,使人感到十分闷热、烦躁,从而引起人体的不适。而且这种不适感随空气相对湿度的增加而增加。冬天温度比较低时,相对湿度增大则会使热传导加快约 20 倍,使人觉得阴冷、抑郁。同时室内环境相对湿度较大会造成建筑潮湿,甚至有时会出现凝水现象。当室内相对湿度低于 30.0% 时,造成上呼吸道黏膜的水分大量散失,人会感到口干、舌燥,甚至咽喉肿痛、声音嘶哑和鼻出血等,并易患感冒。专家们研究认为,相对湿度上限值不应超过 80.0%,下限值不应低于 30.0%。虽然相对湿度过高会引起人的不舒适,但对热舒适的大量研究表明,温度高于 28.0 ℃,潮湿感才相对显著,故一般将室内舒适相对湿度范围规定为 35.0%～70.0%。

▶▶ 3. 空气流速

室内空气的流动影响人体的对流换热和蒸发换热,同时也促进室内空气的更新。室内气流会对人体产生两大作用:一是增强了人体与周围环境之间的换热;二是风速的加大可能会产生吹风感,这两种作用共同影响人体的热舒适感觉。夏季,空气温度较高,风速大,有利于人体散热、散湿,提高热舒适度。冬季,室内空气温度较低,空气相对湿度低,容易产生吹风感。据测定,在舒适温度范围内,一般气流速度为 0.15 m/s 时,人即可感到空气新鲜;在室内即使温度适宜,由于空气流动速度很小,也会有沉闷感。夏天,当气流大于 1.00 m/s 时,气温可降 1.0 ℃。室内适宜的空气流速一般在 0.10～0.50 m/s,夏季高些,冬季低些。

▶▶ 4.平均辐射温度

室内各物体表面跟人体之间存在辐射热交换,平均辐射温度即室内与人体辐射换热有影响的各表面温度的平均值,可用黑球温度计测量并换算求得。霍顿等人的研究发现,平均辐射温度每改变 1℃,平均相当于有效温度改变 0.5℃,或相当于气温变化 0.75℃。

(二)个体因素

▶▶ 1.新陈代谢率

新陈代谢率与人体活动量的大小呈正比,它随着活动状态、个体差异,以及周围环境的变化而在一个较大的范围内变化,通过影响人体得热量的多少而影响人体的热舒适。

▶▶ 2.服装热阻

在皮肤和人体最外层衣服表面之间的热传递是很复杂的,它包括介于空间内部的对流和辐射过程,以及通过衣服本身的热传递。在穿着各种服装的男女混合人群的房间中,不可能使每个人都感到舒适,因此衣服热阻是影响人体热舒适性的重要因素之一。

(三)其他影响因素

▶▶ 1.瞬态热的影响关系

从室外进入室内或从一个房间进入另一个房间,就是瞬态热感觉。当环境温度迅速变化时,热感觉的变化要比体温的变化快得多。人体所处热环境改变时,热感觉先于体温变化。由冷环境或热环境向中性点进行改变时,在必需的生理改变充分完成以前已感觉到舒适了。从室外热或冷环境进入空调或采暖房间时的突然变化,会对人体健康产生一定的影响。但长期处于中性热环境中对人体健康是不利的,因此必要的调节是有益的、健康的。

▶▶ 2.局部不舒适

环境影响舒适的最重要性质就是它的总体温暖感,而利用室内热环境的综合评价指标即可对其加以预测,但是还有一些其他的环境特性也会影响人体舒适,如吹风、温度梯度、不对称热辐射等均可能造成局部的不舒适。

》》3. 心理因素

由于个体的心理差异,不同的人对同一热环境的主观感受会不一样,从而对热环境的综合评价也不尽相同。

二、室内热环境的评价

对人体热舒适的影响是室内热环境的各因素之间相互耦合的结果,某一因素一定范围内的变化对人体造成的影响常可由另一因素的相应变化补偿。比如,人体经辐射所获得的热量可以改由气温升高来获得;相对湿度增高所造成的影响可为风速增大所抵消。对人体热舒适的评价不能依据单一的因素,应尽可能综合考虑多种因素。

(一)室内热环境的评价指标

对室内热环境的评价根据不同要求可分为三类,即生存标准、舒适性标准和工作效率标准。不同环境对室内舒适要求的标准也不同,如何预测、评价所在环境的舒适状况,是多年来学者探求解决的一个重要问题。

》》1. PMV—PPD 指标

应用最广泛的是被编入国际标准 ISO 7730 的预测平均投票数和预测不满意百分数(PMV—PPD)评价指标,它是在大量实验数据统计分析的基础上,结合人体热舒适方程提出的表征人体热舒适的一个较为客观的指标,该指标综合考虑了人体活动程度、衣服热阻、空气温度、平均辐射温度、空气湿度和空气流动速度 6个因素,是迄今为止考虑人体热舒适感诸多因素最全面的评价指标。ISO 7730标准推荐以 PPD≤10.0% 作为设计依据,即 90.0% 以上的人感到满意的热环境为热舒适环境,此时对应的 PMV 为 −0.5～0.5。

》》2. 新有效温度

该指标是指在相对湿度为 50.0% 的假想封闭环境中起相同作用的温度,人在此环境中与在实际环境中一样,在相同的皮肤温度和湿度的条件下,通过辐射、对流和蒸发进行同等数量的热交换,产生同样的热感觉,该指标把室内气温、空气湿度和平均辐射温度三个参数的作用效果综合成了一个指标。

▶▶ 3. 标准有效温度(SET)

标准有效温度指标是对新有效温度的进一步发展.它结合了人体平均皮肤温度和皮肤湿润度来表示人体热平衡状态,这种指标对于任何环境条件、衣着及活动量均按均匀的环境条件(空气温度与室内平均辐射温度相等)来表示,并统一规定相对湿度为 50.0%,气流速度为 0.125 m/s(即室内"静风"状态),活动量为 1 met(58 W/m²)。在实际条件下,人们的感觉与在这种标准条件下的感觉相同,那么这个标准条件下的空气温度就是实际条件下的标准有效温度。

▶▶ 4. 中性温度和操作温度

中性温度是指理论上人体热感觉最适中的环境温度,理论上的中性温度即 PMV＝0 时的温度。人们愿意接受的热环境并不恰好等于中性温度,而是往往偏向于他们习惯了的热经验一边。寒冷地区的人们所期望的热环境可能偏向于稍暖和的那一侧,而生活在较热地区的人们的期望温度可能偏向于较为凉爽的一侧。操作温度 t0 是综合考虑了空气温度和平均辐射温度对人体热感觉的影响而得出的合成温度。其物理意义十分明确,即该指标综合考虑了环境与人体的对流换热与辐射换热。

(二)热舒适标准

▶▶ 1. ASHRAE 55 舒适标准

ASHRAE 舒适标准适用于以坐着为主的轻体力活动,新陈代谢率 $M \leqslant 1.2$ met,规定服装热阻:冬季为 0.9 clo,夏季为 0.5 clo。

▶▶ 2. ISO 7730 舒适标准

ISO 7730 舒适标准也适用于以坐着为主的轻体力活动,新陈代谢率 $M \leqslant 1.2$ met,规定服装热阻:冬季为 1.0 clo,夏季为 0.5 clo。ISO 7730 建议的舒适区指标如下。

冬季:操作温度在 $t_0 = 20.0 \sim 24.0$ ℃,颈部和脚踝处的垂直温差 $t_{1.1} - t_{0.1} \leqslant 3.0$ ℃,地板表面温度通常控制在 $19.0 \sim 26.0$ ℃,但是地板供暖系统可以将值升至 29.0 ℃,垂直方向不对称辐射温差应不超过 5.0 ℃,水平方向不对称辐射温差不超过 10.0 ℃,同时,相对湿度为 30.0%～70.0%,平均风速 $v \leqslant 15$ m/s。

夏季:操作温度为 23.0～26.0 ℃,颈部和脚踝处的垂直温差 $t_{1.1} - t_{0.1} \leqslant 3.0$ ℃,相对湿度介于 30.0%～70.0%,平均风速 25 m/s。

三、通风与热舒适

(一)适应性热舒适标准

由于上述室内热舒适标准的不足,适应性模型得以提出,并取得了长足发展。

适应性原理主要源于大量热舒适实测调查研究的结果,适应性的基本含义可以表述为:如果外界环境的变化使人们产生不舒适感,人们将会以某种方式做出反应以恢复他们的舒适感。

适应性模型包括生理适应、心理适应和行为适应三个方面。对热环境的主观评价是三个方面共同作用的结果,首先是人体对实际所处的热环境进行主观评价,如果是舒适的,则维持其现状;如果是不舒适的,则通过人体自身的行为调节、对环境的技术性调节等手段达到对室内环境的满意度。人们原来所经历的热环境、生活习惯、文化背景、气候条件以及社会经济状况等,均会使得人体对环境的热期望值发生改变,而这种期望值的改变也会影响室内人员对所处热环境的满意度。

影响热舒适的主要环境变量是气候因素,气候对任何群体的文化背景、热反应特点以及建筑设计的影响都是很突出的,虽然人与热环境之间的基本作用机制不会随气候变化而变化,但是气候因素影响着人们的行为、生活方式及热感觉。建筑的类型、用途及其设备情况等也影响着热舒适研究的实测结果。影响热舒适的变量还有时间因素,在大多数建筑中,室内的热环境随着时间不断变化,人们为了与这样变化的室内环境相适应,将不断地采取一系列措施使室内环境迎合他们的喜好或者通过对自身调节(如姿势、衣着)来适应热环境,达到一种新的舒适状态,从而形成一种随着室内外气候连续变化的舒适温度。

世界各国学者在热舒适方面做了许多研究工作。众多研究结果都表明室内中性温度与室外温度,即与当地的气候特征存在显著的线性相关性。

越来越多的研究表明,无论是冬季还是夏季,按 PMV 计算的最舒适温度要比实际温度低约 1.5 ℃;PMV＝0 时并不是最舒适的,大部分人宁愿选择 PMV＝

—0.1～—0.2的环境。通过对空调和非空调建筑中的热舒适区域的研究发现，在空调环境下，人们感到舒适的温度和湿度范围相对要窄一些，居住者对温度变化要比湿度变化敏感。自然通风建筑中的热中性温度比空调建筑中的高，实测对象的80%可接受的温度上限超出了ASHRAE舒适温度范围3～4 ℃，这与人的生理适应性及心理期望值有关，对热环境不满意率最小值一般高于PPD最小值5%。

研究不同风速下人们的舒适感觉表明，针对夏季静坐情况下，穿着轻薄服装的人们(1.3 met,0.4 clo)，对于1 m/s风速，相对湿度50%时，室内气温达29 ℃，人们仍然会感觉舒适。对于2 m/s风速，舒适温度可以提高到30 ℃，相对湿度仍然为50%。当空气流动速度提高到6 m/s时，舒适温度可以升至34 ℃。

空调使用情况不同的人群，对热的耐受性可能会有不同的趋势，不使用空调的人群，对热的耐受力会比使用空调的人群要高一些。

(二)风速、相对湿度对室内中性温度的补偿

风速补偿作用是室内温度和相对湿度的增加对室内热舒适的不利影响，在风速的作用下的减弱效果。许多研究者就风速对温度的补偿作用做了大量的实验，试图找出满足热舒适条件下可接受的室内风速上限。涂光备等人通过对不同温度、相对湿度和空气流速组合进行热舒适实验，得到相对湿度同热舒适、温度间的重要关系：随着温度的增加，人员对风速的期望值也比较大，相对湿度每增加10.0%可容忍的空气温度降低0.4 ℃。由此可见，提高风速不仅可以补偿温度的增高，而且可以减轻潮湿感。

根据相关文献的结论，按照相对湿度每增加10.0%，室内温度就升高0.4 ℃，风速每增加0.15 m/s，温度就改变0.55 ℃的规律，以室内舒适温度和70.0%相对湿度分别作为温度和相对湿度的临界标准。

随着室内风速的增大，人体与周围环境的换热加快，室内舒适温度得到提高。室内风速的增大可以增加人体的热舒适，但持续的室内风速易使人产生吹风感，因此室内舒适温度并不是无限制地随着风速的增大而提高，而是保持在一定的范围内。居住建筑适宜的室内风速一般为0.10～0.50 m/s，当室内风速不在该范围时，可对室内舒适温度进行修正。夏季室内温度较高时，增大室内风速可以增加室内人员的热舒适；冬季温度低时，增大室内风速会造成室内人员的不舒适感。

第二节　南方地区建筑的自然通风

一、改善建筑自然通风的常用技术措施

由于建筑布局和功能的特殊性,自然通风措施的适用性也不同,需结合城市、小区风环境和城市规划、建筑布局、建筑构造、使用功能的特殊性进行选择和设计,可以通过风洞试验进行模拟测试,求出建筑表面风压系数的分布,作为外墙通风设计的参考依据,测算出不同通风开口尺寸、房间的换气率,以及穿堂风的状况,最后通过各种外墙通风方案的比较和经济上的评估,选择最适宜的通风设计方案。对于建筑自然通风,在建筑结构设计无法满足自然通风条件时,应利用辅助装置改善办公建筑自然通风。

改善城市建筑自然通风的常用技术措施有以下几个方法。

(一)高层公共建筑开洞

城市高层建筑、超高层建筑越来越密集。高层建筑的顶部有大量气流从上方流过,气流不是水平的,而是受不同建筑平面和屋顶形状的影响呈不同的三维形状。屋顶附近的紊流对屋顶本身的影响不大,但会影响中庭热压通风时空气从屋顶排出的效果,而后者要求稳定的空气流动环境。

高层建筑通过开洞的手法可以在一定程度上降低表面的风压力,该技术适用于高风速区(即风压过大的区域),或风速较大的季节。开洞对降低表面风压力的效果如下:第一,开洞对迎风面风压力的降低不明显。第二,开洞可使建筑侧风面的吸力减小。第三,对于背风面,由于开洞建筑的分离区范围较小,故而形成的负压也较小。第四,开洞可以降低建筑的风阻系数。第五,开洞不仅降低建筑本身所受的风力,也相对使附近地区受建筑物影响的范围缩小,程度降低。

高层建筑开洞引导自然通风常用的方法是每隔一定层数设置架空层,可以使水平运动的风穿过建筑,减少对主体结构的影响,并可通过分流作用在一定程度上减弱下坠风。

(二)优化建筑位置布局

在任何风速区,两座临近的建筑之间都会产生较大的风场影响,尤其是高层

建筑,建筑的位置布局可采用迎风并列和顺风向排列(或前后斜列)两种方式。

第一,对于迎风并列的两座高层建筑,特别是左右建筑规模相当时,容易出现由于局部气流受阻形成"峡管效应"或"峡谷效应"。通过建筑之间的风速可提高 2~3 倍,并且在背风处形成强烈的紊流,因此,在设计时应尽量加大高层建筑的间距。

第二,对于顺风向排列的情况,上游建筑对下游建筑有遮挡效应(或"屏蔽效应"),上游建筑高度越高、截面尺寸越大,则遮挡效应越显著。多数情况下这种遮挡影响是有利的。而当下游建筑所处的位置干扰到既有建筑的尾流边界时,可以减低上游建筑的最大负压系数值。

(三)优化建筑外墙通风口设计

建筑自然通风的室内环境控制主要依赖于建筑的外墙通风口的设计,而非内部空间或机械系统。结合办公建筑等公共建筑在形体和功能上的特点,外墙通风口的设计主要有以下几种模式。

▶▶ 1. 直接开窗模式

直接开窗通风的优点是不需要额外复杂构造,比较经济;缺点是通风面积大,容易造成通风过量而带来不适,夜晚和下雨时需要关闭。通风窗扇如果关闭时气密性不佳,会产生空气渗透、雨水渗漏现象,风压大时容易损坏,造成坠落伤人事故,这些因素使建筑可以利用自然通风的时间大大缩短。所以,直接开窗模式适合风速较低的地区或多层建筑,也可以在高层办公建筑的下半部分采用。

开启方式不同的窗扇具有不同的通风特点,可以在通风设计时善加利用:

第一,水平斜开窗。开启时会自然地将窗户分为上下两部分,上方进气,下方出气,窗扇向顶棚倾斜时可引导气流与蓄热顶棚充分接触换热,这有利于降低气流温度和配合夜间冷却。

第二,垂直斜开窗。可以将与建筑表面平行的风引导进室内。

第三,内开启的下悬窗。可以向上引导进入室内的气流,使气流与顶棚进行充分的热交换。

第四,推拉窗。便于控制开启的大小,是不错的选择,但要注意提高密封性。

第五,高窗(位置>1.75 m)。有利于热气排出,特别是单侧通风时,同时设置上下两个通风窗,可以使冷空气从下方进入室内,而室内的热空气从上方排出,在室内形成良好的空气环流。

▶▶ 2. 百叶通风窗

百叶通风窗优点是可以精确控制通风量。当室外气温过高、过低，或下雨时，或风速过大、过小时，依然可以进行少量通风，从而延长了自然通风的时间。百叶通风窗实现了窗户采光功能和通风功能的分离，使采光窗户可以制作成固定扇，既简化了构造，节约了窗框用料，又提高了采光窗的气密性和热工性能。

▶▶ 3. 滴流通风口

滴流通风口常常配合大换气率的通风窗使用，当室外风速过大，需要关闭窗户时，它可以提供所需的最小新风率。滴流通风口主要在冬季使用，为办公室提供基本的背景通风（换气率为 1~2 次/h）。如果 24 小时使用，也可以提供大量的新鲜空气，足以保证全天的换气需求。滴流通风口由一组孔隙或细槽组成，可分为手动控制型（可关闭）和无控制型两种，可以设置在窗框上，也可以与窗户分开设置。为了减小对气流的阻碍，槽形通路的最小截面宽度为 5 mm，通风孔的最小截面宽度为 8 mm。

▶▶ 4. 双层玻璃幕墙

双层玻璃幕墙通风可以显著降低室外高风速对室内环境的不利影响，显著减小瞬时风压对建筑的危害，而在静风状态下，空腔内还可以通过热压效应通风换气，以弥补风压通风的不足。其不仅适用于风速偏大导致动压过大的区域，而且适用于风速偏小风压不足的情况。

通廊式双层玻璃幕墙是各种双层玻璃幕墙中通风情况最好的类型，但是有关测试显示，通廊式双层玻璃幕墙在 7 月份有风和无风状态下，幕墙西侧空腔中的温度在室外温度气温不超过 32 ℃，静风状态的温度最高达 43 ℃；有风状态比静风状态平均要低 6 ℃，但最高也达到了 38 ℃。因此，双层玻璃幕墙的通风在夏季受到很大限制，通风的时间大大缩短，即使考虑到可以夜间通风、保护遮阳设施的优点，其综合的节能效果在夏季气温较高的夏热冬暖地区远不如温带气候区显著，造价也很高。事实上，设置了充分的外遮阳、实现了自然通风的单层玻璃幕墙，效果比双层玻璃幕墙要好，更适合在南方地区使用。

（四）自然通风的有效进深控制

为了获得有效的自然通风，需要对平面进深、建筑净高的比率进行控制，自然通风的有效进深与房间的净高呈正相关关系。

当气流穿过室内空间时,需要有足够的空间高度来形成分层,使热空气和污染物浮于上层,而新鲜的冷空气下降到人活动的空间。因此,房间的净高至少要达到 2.7 m。

(五)穿堂风的控制与建筑平面分隔

建筑采用自然通风,当室外风速过大(动压太大)时,穿堂风所能提供的风量往往会高于实际的需要,过大的穿堂风不仅会使人的身体感到不舒适,还会导致办公室的门内外的压力差过大,使之难以开启。穿堂风的强度取决于风向、风速、室内外压力差、外墙通风和室内门的开闭状态。穿堂风阻力的大小取决于整个穿堂风通过路径中的最小截面。为了限制穿堂风的流量,用户常常需要关闭部分窗户或通风口,或者靠调节推拉门开闭的大小来控制穿堂风。

在平面中保证迎风面和背风面两个区域的有效隔离是十分重要的。为了对所有方向的风起作用,设计平面时应该根据各区域风向分布规律将平面分隔成若干部分。除了每个房间的门以外,走廊上至少应设置两个关闭的门形成空气锁,将迎风面的房间与背风面的房间分隔开来,这样可以避免不同压力区被连接起来,产生穿堂风。将迎风面和背风面分离开来不仅可以减少自然通风时室内气流的强度,还可以将自然通风时段在全年的比例增加 20%~30%。当风吹入建筑外表面的通风开口、节点或缝隙时,由于这些部位存在压力差,雨水就有可能随之渗入,将迎风面和背风面分隔后,通风开口处的压力差就消失了,可有效地防止雨水渗漏。

(六)建筑中庭热压通风

中庭作为建筑微气候的调节器,在夏热冬暖地区主要用来通风降温。中庭通风比较适用于静风或风速太小动压不足的情况,中庭的通风除了在静风天气下完全由热压效应起作用外,一般情况下都是风压通风和热压通风共同作用的结果。中庭热压通风的主要作用是促使相邻的办公室获得穿堂风——在中庭热压的推动下,室外的自然风从办公室的外墙窗户流入,穿过整间办公室,然后通过中庭向上排放到室外。热压通风的有效距离(从建筑周边的进风口到中庭的距离)为办公室净高的 5 倍,而对于布置在平面中心的中庭来说,空气可以从两面进入室内,因而平面可以得到自然通风的宽度是双倍的。可见,利用中庭热压通风可以解决大进深的平面难以获得穿堂风的问题。

中庭热压通风根据通风开口的位置分为以下两种基本通风模式。

▶▶ 1. 混合式热压通风

混合式热压通风只在中庭顶端设有通风开口,当热空气从中庭顶部释放出去时,减弱了中庭顶部的气压,使室外较冷的空气得以从同一个开口逆向进入。密度较高的冷空气通常会从中庭顶部一直下降到地面,下降的过程中会夹带着热空气,导致地面附近的气温高于室外温度的现象。开口越大,室内外的温差越小,混合式热压通风的结果会使中庭在垂直高度上的温度分布趋于一致。

▶▶ 2. 置换式热压通风

当中庭的顶部和底部都设有通风开口时,热空气从顶部排出室外,而冷空气从底部开口补充进来,这种通风方式称为置换式热压通风。热压作用的大小主要取决于进、出风口的高度差和温度差。高度差和温度差越大,热压作用越强,空气上升到越高的位置,浮力越小。在空气从流入转化为流出的高度位置,称为中和压力层,其位置取决于两段空气柱的密度差和通风口的垂直分布。为了避免不新鲜的空气再循环至较低的楼层,无法排放出去,需要将中和压力层尽量提高到建筑顶层以上的位置。提高中和压力层位置的方法是增加屋顶出气口的尺寸,或减小较低楼层的进气口的尺寸。置换式热压通风中庭顶部开口的面积要达到顶部玻璃面积的 5%～10%。

置换式热压通风容易在高度方向上形成梯度明显的温度分层,虽然在中庭顶部较热。但中庭底部的活动区域可以始终保持舒适的气温,且换气量大,适合在夏季使用。但需要注意的是,南方湿热地区高层建筑的中庭设计必须谨慎,以免出现中庭过热的情况。中庭的防热要从以下几个方面着手。

(1)避免太阳直射,对中庭进行遮阳

如,采光面尽可能朝向太阳辐射最小的北面,或开窗的倾斜角度低于夏季太阳辐射角度,并通过设置外遮阳设施、采用遮阳型的镀膜玻璃等手段,尽量减少太阳辐射的不利影响。

(2)加强中庭通风,提高换气率,降低夏季中庭内的温度

另外,中庭中的植物能使室内气温下降 2～3 ℃,但植物的降温效果往往在风压或热压通风良好的状况下才得以实现。

(3)充分利用蓄热体和夜间通风

夜间通风如果没有热储存体(蓄热体)的辅助,效果是很有限的。热储存体能

吸收储藏室内的热量,在白天可以延迟室内温度升高的时间,而多余的热量靠夜间通风排出,从而大大降低第二天空调预冷所需要的冷负荷。充当热储存体的建筑构件可以是混凝土楼板、梁、吊顶和墙体。

太阳辐射强度、室外温度、室外风速、室内热源、围护结构在不同程度上影响着热压作用下自然通风量及通风效果。热压和风压联合作用的自然通风形式比风压单独作用的自然通风形式节能潜力更大,其适用室外温度区域可提高 1～3 ℃。

二、适宜通风期的确定

城市风环境的时域特性决定了利用自然通风的时间段是非连续的,通风时段取决于室内外温差和室内热环境的要求。一般来说,夏热冬冷地区的冬季应该是限制通风期,通风以满足室内空气品质要求为目标;夏季为间歇通风期,主要利用夜间通风减少室内空调时间;过渡季节则是适宜通风期,适宜连续通风;但一些地区春夏过渡季节有一个较长的梅雨期,这段时期虽然温度条件适宜通风,但雨水太多,室外湿度太大,也不宜过度通风。通过室内自然通风的模拟得出,室外空气温度 28 ℃,相对湿度为 80%,窗口之间的最小压差为 6 Pa 左右时,室内可以满足热舒适性的要求。

在相对较低的室外温度下,温度、风速对人体热舒适影响比较大,即人体对温度、风速比较敏感,因此当室外温度位于舒适温度下限时,在满足室内空气品质要求下尽量减少换气次数。

当室外温度为 20.0～27.0 ℃,即通风舒适温度中间区域时,室外气候条件适于通风,同时由于建筑围护结构的隔热保温作用,室内热环境一般能够满足人员的舒适性要求,此时室内换气次数的多少主要取决于室内对卫生条件的要求,并与室内热源、湿源和室内人员所处的状态等因素有关。另外,在该条件下通过开窗、开门,室内的通风换气量一般能够满足室内适宜换气次数的最低值,因此室内换气次数的多少没有明显的界线,随室内热环境及个人生活习惯而定。一般来说,随着室外温度的增加,室内换气次数也有所增加。

当室外温度位于舒适温度上限时,由于室外温度较高,通过换气次数调节室内温度的能力有限,但增加换气次数可以提高室内人员主要活动区域的平均风速,从而加快人体散热、散湿,满足人员舒适性要求。在室外温度大于 27.0 ℃ 且室内温度高于室外的情况下,室内换气次数不宜小于 30 次/h,且应尽量增加室内通风换气次数。

第三节　北方地区建筑夜间通风与节能

一、建筑蓄热及夜间通风技术降温

从自然环境中直接地得到冷量、不消耗或少消耗一次能源的被动式冷却技术在国内外科技界日益令人关注,并得到广泛研究。被动式建筑冷却技术是指通过环境设计和建筑手段相结合,尽可能与当地气候气象特征相结合,尽量削弱外界气候对热舒适环境的不利影响,从而在降低建筑能耗的同时,提高舒适的室内环境质量。被动式建筑冷却技术与现代空调技术相结合,成为当代建筑节能发展的重要方向。

被动式冷却可以独立负担建筑的全部热湿负荷,也可以与其他类型的空调、通风系统相结合,辅助负担部分热湿负荷。被动设计包括优化建筑朝向、建筑保温、最佳的窗墙比、建筑体形、建筑围护结构(重型、中型、轻型)、建筑遮阳、建筑自然通风等内容。通过夜间通风等被动式冷却方法可以有效改善夏季室内热舒适性,并满足人们对室内通风换气的需求,满足人们亲近自然的心理要求,符合健康、舒适、生态的人居环境的发展方向。

夜间通风技术的降温效果与建筑物的蓄热有密切关系。建筑蓄热墙体是蓄热体的一种。蓄热体是指能够蓄积热量和释放热量的材料。建筑物的围护结构以及内部家具、隔墙,甚至室内空气,都可以称为蓄热体。建筑中蓄热体的主要作用是将热量暂时性地存储在外围护结构和建筑内部的构造物的材料之中,经过一定时间后再释放到室内,这样一个蓄热、放热的过程不仅能降低室内温度和冷负荷的峰值,而且可以延迟室内温度和负荷峰值出现的时间。

蓄热体可以进行多种分类。根据吸收热量的方式,蓄热体可以分为:一级蓄热体(直接吸收太阳光的部分);二级蓄热体(由一级蓄热体辐射、对流热量的部分);三级蓄热体(在一级和二级蓄热体以外,只能通过对流获得热量的部分)。按照位置,蓄热体可以分为内蓄热体和外蓄热体。内蓄热体主要是指内隔墙、楼板、家具等;外蓄热体主要是指外围护结构、屋顶等。按照蓄热效果,蓄热体可以分为:①低蓄热构造:假平顶,夹层地板,轻型墙、隔墙等。②中蓄热构造:无遮掩的轻楼板、楼梯底面、夹层地板等。③高蓄热构造:无遮掩的重型混凝土楼板,裸露的平顶、重型外墙体和重型隔墙等。一般情况下,高蓄热构造的蓄冷/热能力最大。

不论是夏季还是冬季,建筑物内部的蓄热体对于室内空气调节都能起到积极作用。白天室外温度过高,通风会给室内带来多余的热量,因此白天需要关闭门窗,利用高蓄热性结构材料来吸收室外传来的热量。到了夜间温度下降时,使建筑充分通风,将储存在结构层内的热量尽快释放出来。冬季,储存的热量在下午或者更晚些时候传播回室内,这段时间是一天当中最需要热量的时候,这样提供了部分热负荷,同时也避免了一天中太阳辐射强烈时段的过热和不舒适性问题。夏季,吸收的热量部分释放变成即时冷负荷,部分储存在蓄热体里面,延迟释放,因此可以减少峰值冷负荷。这样全天大部分时间室内空气温度变化就可以保持在相对舒适的区域范围内,进而可以减少机械制冷、通风能耗。

峰值负荷以及蓄热体中储存的热量释放都会有一个时间延后。这个延迟时间在实际生活中非常有价值——热量释放到室内时,室内温度已经变得较低了。如果建筑物在夜间不使用,如办公建筑,此时可以放宽室内舒适度方面的要求。另外,室外温度条件也较适合应用自然通风、机械通风、间接通风、机械降温技术等措施来除去这一部分储存在建筑蓄热体中的负荷。

当室外日温差超过10℃时,综合应用蓄热技术和夜间通风技术,可以达到设计的舒适度和减少能耗的目标。在建筑中,利用建筑构造的蓄热特性,配合适当的夜间通风速率以及白天关闭门窗的策略,也能增强夜间通风的降温。

蓄热体对于室内舒适度也能起到改善作用。建筑中的蓄热体蓄热,可以缩小室内温度和墙壁温度波动范围,从而维持更为稳定的热环境。增加了舒适度。这一特点在过渡季节(春季和秋季)、日温差大(太阳辐射强的时候),或终年日温差大的气候特征地区是非常实用的。如欧洲南部国家的传统建筑,通过改建,蓄热体能明显改善建筑的舒适性。

夜间通风技术换气量大,可有效解决室内环境问题,对于室内得热量较小$(15\sim20\ \mathrm{W/m^2})$的建筑来说,它可以基本满足人们的舒适性要求。夜间通风与其他方法相结合构成复合式系统,其可以更广泛地用于商业及民用建筑。如将夜间通风与蒸发冷却技术(如屋顶蒸发冷却系统)相结合,在夜间采用风机驱动,可使室外空气经间接蒸发冷却器进行预冷,还可降低送风温度,增加建筑物的蓄冷量;如用于居住建筑,有时则完全可替代机械制冷。又如将夜间通风与相变蓄冷技术相结合,利用相变潜热蓄积夜间通风所得冷量可承担建筑物日间的全部或部分冷负荷。

二、夜间通风的几种方式

(一)自然通风方式

如通过建筑开口、窗户等通风。人类利用自然通风来改善室内居住的舒适性有悠久的历史。室内外的温度差异引起的热压和风压是自然通风的驱动力。在传统民居中,人们利用自然通风来带走炎热季节建筑内部的余热、余湿,利用大量夜间和清晨的凉风增加建筑围护结构以及室内家具的蓄冷量。同时,自然通风带来新鲜、清洁的空气,既有益于降低室内污染物及二氧化碳的浓度,又能满足人们接触自然的心理需要。此外,自然通风的紊动特性更具有自然特征,在同等条件下可以提供更加舒适的室内环境。近年来,自然通风与机械辅助自然通风形式越来越多地被建筑师考虑并采纳,

由于自然通风的随机性和不可控性,人们对自然通风的认识更多的是定性分析。建筑设计人员无法像选择机械系统那样按照确定的风量和扬程来配置自然通风,因而也无法确定自然通风对建筑内环境的影响力。在设计不当的情况下,自然通风不但不利于建筑内部热环境的改善,反而会引发很多问题。自然通风方式下的通风气流路径和换气次数都是不断变化的。同样,夜间自然通风方式下的建筑热性能也具有不确定性。尽管自然通风方式有着不确定性,但是由于避免了机械能源的消耗,因而节能性较好。

(二)机械通风方式

即建筑中采用引风机和排风机进行通风换气的方式。风机保证了进入室内的空气流量是一个稳定的值,即一定的换气次数。采用风机时,为避免室内压力过高或产生负压,需要设置恒压控制器,来控制风机启动和停止。另外,还要对温度进行控制:当室外温度超过室内温度值,或者当室外温度超过热舒适标准时,就必须停止风机运行。

(三)混合通风方式

如同时打开风机并开启窗户通风的形式。混合通风是一种具有两种模式的系统,通过控制方法的应用,在提供可接受室内空气品质和热舒适的同时使得能源消耗最少。通风系统的目的是为保证室内空气品质而提供新风,还有些需额外

为热调节和热舒适供风。

混合通风方式下,可只使用引风机或排风机来辅助建筑开口的自然通风。为提高系统效率,可根据室内外的温度设置恒温控制器等控制系统来控制风机的启停。控制系统的目的是确立在最低能耗下的换气率和气流形式。

通风方式的选择,应根据所在地夏季气候特征以及建筑特点,应用自然通风的方式进行夜间通风来降温,在自然通风降温能力不足的情况下,辅助以机械通风方式,最大限度地降低次日室内的温度,减少空调系统的运行时间。

三、夜间通风效率的影响因子

充分利用当地的有利气候条件以减少建筑能耗是建筑节能和热舒适的重要途径。夜间通风效率的影响因子包括气象参数、建筑参数和技术参数三类。

(一)气象参数

夜间通风降温是否适用主要取决于室外温湿度条件,包括室外温度、室内外温差波动范围、湿度水平,以及风速、风向变化等参数。室外温度、室内外温差波动范围不仅决定了通风时段的选择,而且决定了通风热交换量和节能的潜力。相对湿度与人体热舒适感觉密切相关,夜间室外空气相对湿度偏高会影响室内热舒适,在这种情况下,也是不适宜过量引入室外空气的;在低湿度的条件下,适宜持续通风。风速、风向直接影响室内气流组织模式和通风效果,建筑结构布局、门窗开启范围应尽可能与当地风环境相适应,较高的空气流速可以提高围护结构与夜间低温空气的热交换强度。

气象数据的整理工作为进行建筑气候分析与设计工作奠定了基础。建筑气候是指在建筑设计时必须考虑的与建筑基地条件相关的空气温度、空气湿度、风速、风向和太阳辐射等自然要素的统称,如何结合气候分析来进行建筑的气候适应性设计,是建筑师普遍关心的问题。在国外,目前的气候分析方法主要有两类:一类是以图形作为分析媒介;另一类是利用表格分析的方法。

通过对室外典型气候分析可以预测室内热环境状况,将不同的设计策略标示在同一个温湿图上,构成了所谓的"建筑气候设计分析图"。目前国际上广泛采用的生物气候分析方法,在建筑气候分析图上直观地标示了被动式设计的五种策略适用的区域,这五种被动式设计策略分别是被动式太阳能采暖设计、自然通风、围护结构蓄热设计、那用夜间通风的围护结构蓄热设计、蒸发制冷设计。

我国地域辽阔,各地气候差异较大,建筑自然通风被动降温的潜力也不一样。另外,不同功能建筑对热舒适要求的时间段也有差异,多数办公建筑主要关注白天的热舒适性,因此可以用较大的风速和换气量进行夜间通风蓄冷,白天在保证必要新风量的前提下应尽量少开窗;居住建筑也可以充分利用夜间通风蓄冷提高舒适性,很多家庭白天上班期间家中无人,则可不开窗,尽量降低室外高温热扰,改善室内的热舒适性。

(二)建筑参数

影响夜间通风效果的建筑参数主要是建筑物的蓄热能力以及建筑物的室内设计。建筑物的蓄热能力主要是指外围护结构的蓄热性能,即由墙体材料的热特性决定。室外温度波是以 24 小时为周期的。人们普遍认为,高蓄热构造的建筑,蓄热效果要优于低蓄热构造的建筑。低蓄热构造的建筑物很容易受热升温,温度变化快;而高蓄热构造的建筑升温速度要慢,能观察到室内温度相较于室外明显的延迟和衰减现象。

影响夜间通风效果的围护结构的参数主要有以下几点。

≫ 1. 蓄热系数

它的物理意义在于揭示半无限厚物体在谐波热作用下,表面对谐波热作用的敏感程度,即在同样的热作用下,材料的蓄热系数越大,其表面温度波动越小;材料的蓄热系数越小,其表面温度波动越大。对于夜间通风设计而言,建筑外墙宜优先选用外保温构造,尤其是雨水较少的北方地区;在相同室内外热扰作用下,同样规格尺寸的外墙,蓄热系数较大的实体砖墙体比多孔砖墙体对室外空气温度波的衰减倍数更大,更加适合采用外保温体系构造。

≫ 2. 热惰性指标

外墙总热惰性指标可以用来评价围护结构构造是否适合夜间通风设计,该指标体现了围护结构抵抗热流波和温度波的能力,热惰性指标越大,说明外来热流穿透围护结构需要的时间越长,波动幅度被削弱得越多。对于外设保温层多孔砖外墙,当热惰性指标 D 小于 6.5 时,D 越大,内表面温度波动幅度越小,因而热惰性指标取 4~6.5 为宜。多层围护结构的热惰性指标为各分层材料热惰性指标之和,当其中有封闭空气间层时.因间层空气的材料蓄热系数很小,接近为 0,故其热惰性指标也就忽略不计。

▶▶ 3.表面蓄热系数

在实际工程中,材料层一般都是多层的围护结构,需要考虑的都是多层材料的性能。在这种情况下,材料层受到简谐温度波作用时,其表面温度的波动不仅与各构造层材料的热物理性能有关,而且与边界条件有关,即在顺着温度波前进的方向,与该材料层相接触的材料或空气的热物理性能和换热条件对其表面温度的波动有影响,因此提出材料层表面蓄热系数的概念。

▶▶ 4.热扩散系数

热扩散系数能同时表示材料导热传热过程引起的衰减和延迟特性。这样就能通过系数比较而得出建筑蓄热性能的大小。将此概念扩展,提出了当量热扩散系数的概念,用以表示多层构造墙体的传热性能,但是当量热扩散系数必须通过实验测量,在实际中适用性不强。

▶▶ 5.建筑平面设置

建筑内部的平面布置也对夜间通风起到重要作用,它决定气流通过室内的路径,影响室外冷空气带走的热量。

(三)技术参数

决定夜间通风效果的技术参数主要是通风的方式、时间段和换气次数,即建筑运行策略。在有天井、中庭等有利于自然通风的建筑中,夜间采用自然方式通风就能取得降低次日温度峰值的效果;在其他情况下,都要应用机械通风方式。通风换气的时段,一般取决于室内外的温度差值,应根据实际情况进行调节。人们普遍认为,换气次数越多,温度降低值也会越大。但是对于最佳的换气次数,已有的研究都未曾得到统一的结论,对于不同的气候条件和建筑形式,一般认为5～20次是值得参考的换气次数。

四、夜间通风节能性及室内环境热舒适性

夜间通风可以充分利用昼夜日较差大的特点,利用室外风,降低夜间室内温度及围护结构内表面平均辐射温度,使围护结构蓄冷,第二天放冷延迟人工制冷开启或降低室内负荷。但是采用机械式夜间通风风机的运转是需要耗能的,与常规空调系统相比,夜间通风系统节能与否取决于风机多消耗的电能和人工制冷少

消耗的电能之间是相对关系。另外,夜间通风降低白天室内温度和围护结构表面平均辐射温度对于室内环境也会造成一定影响。

北方地区白天部分时间室外温度较低,在一定范围内完全可以利用较低温度的室外空气满足室内冷负荷需求,无须开启人工制冷。北方地区的空调运行模式可以包括两阶段:第一,全新风运行阶段,当室外温度较低时,采用全新风运行排除室内余热;第二,人工制冷阶段,当全新风运行不满足室内温度要求时,开启人工制冷。

当夜间温度较低时进行夜间通风,可降低围护结构内表面平均辐射温度进行蓄冷。第二天早晨在一定范围内完全可以继续给室内通风,联合围护结构放冷,排除室内余热,当室内温度达不到设计温度要求时开启人工制冷。白天早晨部分时间段室外温度较低,人工制冷的延迟和空调负荷的减少其实是两个方面共同作用的效果:①夜间通风降温,围护结构蓄冷,白天围护结构释放冷量;②白天早晨室外温度依然较低,通风排除室内余热。

夜间通风系统运行模式包括三个阶段:第一阶段,夜间通风降温蓄冷阶段,夜间到早晨低温时间段;第二阶段,全新风运行阶段,白天利用夜间通风蓄存冷量和白天较低温度室外空气排除室内余热;第三阶段,人工制冷阶段,当全新风不满足室内负荷要求时,开启人工制冷。

夜间通风的节能效果取决于所在区域的气候条件、建筑结构特性及室内环境要求等影响因素。对于室内设计温度为 26℃时,通过同一建筑模型进行模拟分析表明以下结果。

第一,对夜间通风方案进行对比,夜间停止通风后,由于围护结构放出存储的热量,围护结构内表面平均辐射温度和室内空气温度在短时间里迅速上升,所以夜间通风距人工制冷开始运行时间越近越好。只要当前室外空气温度低于围护结构内表面平均辐射温度即可连续进行通风,利用较低温度的室外空气排除室内余热。

第二,室内温度设定值不同时夜间通风效果也有差异。当室内温度设定值较低时,白天的空调使得围护结构内表面平均辐射温度降低,围护结构内表面平均辐射温度和室内空气温度下降少。当室内温度设定值较高时,室内温度下降多,延迟人工制冷开启时间长。但是由于室内设计温度升高时设计日冷负荷减小,空调系统的设备容量变小,节省能耗未必比室内设计温度较低时高。

第三,夜间通风模式下,室内热环境满足热舒适标准 $-0.75 < PMV < 0.75$ 的要求;夜间通风模式与空调运行模式相比,在全新风阶段,由于夜间连续通风,室内环境稍稍偏凉;在人工制冷阶段,夜间通风模式室内热环境明显优于常规空调模式;夜间通风模式下,体积与围护结构面积比越小的房间在人工制冷阶段热舒适度的改善越明显。

第六章　绿色建筑空调节能

第一节　空调基础知识

一、空调的基本概念

空气调节（简称空调）是一种根据舒适或工艺的需要，将自然状态下的空气在局部范围内对其状态参数（包括温度、相对湿度、气流速度、洁净度）进行调控的工程技术，它用来维持良好的室内空气条件，以改善和提高建筑物的使用功能。一座现代建筑应当是舒适的、健康的和节能的。舒适的建筑是指该建筑物内有良好的热环境，以保证室内人员有良好的生活条件和工作条件。健康的建筑是指该建筑内的空气有足够好的品质，不包含过量的、对人体有害的物质（微生物、挥发性有机气体、氡等），以防引起室内人员出现"病态建筑综合征"。节能的建筑是指以最少的能耗来维持最佳的室内环境。以上诸方面无不与空气调节有关。

二、空调系统的组成

典型的空调方法是将一定参数的空气送入室内（送风），同时从室内排出相应量的空气（排风）。在送风和排风的同时作用下，能使室内空气保持要求的状态。送风空气由空气处理设备事先进行处理（如加热、冷却、加湿、除湿、过滤净化等），空气处理设备设置在中央空调机房内。还有一种常见的做法，是直接在空调房间内放置空气冷却器或空气加热器，就地冷却或加热空气。一个典型的空调系统应由空调冷热源、空气处理、空气输送与分配及空调自动控制及调节等组成。

（一）冷源和热源

空调中冷却和加热空气是最基本的空气处理，所以冷源和热源是必需的。冷源是为空气处理设备提供冷量以冷却送风空气。常用的冷源是各类冷水机组，它们给空气冷却设备供应冷量，以冷却空气。也有用制冷系统的蒸发器来直接冷却空气的。热源是用来提供加热空气所需热量的。常用的空调热源有热泵型冷热水机组、各类锅炉、电加热器等。

(二)空气处理设备

空气处理设备的作用是将送风空气处理到规定的状态。空气处理设备可以是集中于一处,为整幢建筑物服务,也可以分散设置在建筑物各层面。常用的空气处理设备有空气过滤器、空气冷却器、空气加热器、空气加湿器等。

(三)输送与分配系统

按不同的空气处理方式,分为空调风系统和空调水系统。

▶▶ 1.空调风系统

它包括送风系统和排风系统。送风系统的作用是将处理过的空气送到空调房间,其基本组成部分是风机、风管系统和室内末端装置。风机是使空气在管内流动的动力设备。排风系统的作用是将空气从室内排出,并将排风输送到规定地点。可将排风排放至室外,也可将部分排风送至空气处理设备,与新鲜空气混合后送风,这一部分重复使用的排风称为回风。排风系统的基本组成是室内排风口装置、风管系统和风机。在小型空调系统中,有时送排风系统合用一个风机。

▶▶ 2.空调水系统

其作用是将冷水或热水从冷源或热源输送至空气处理设备,空调水系统的基本组成是水泵和水管系统,水泵是使水在水管系统内流动的动力设备。

(四)控制调节装置

空调系统的冷热负荷是变化的,这就要求空调系统的工作状况也要有所调整。所以,空调系统应装备必要的控制调节装置,借助它们可以(人工或自动)调节送风空气参数、送排风量和供水参数等,以维持室内空气要求的状态。

第二节 空调节能基本规律

一、空调系统能耗的构成与特点

(一)空调系统能耗的构成

一个既定空间内的空气环境一般要经受来自空间内部产生的热、湿和其他有害物的干扰及来自空间外部气候的变化、太阳辐射和外界有害物的干扰。清除上述干扰的技术手段是通过空气和水等介质,经热质交换将多余的热、湿和有害物转移、置换或冲淡。

对以上空调系统,其能耗主要包括两个部分:一部分是为了供给空气处理设备冷量和热量的冷热源能耗,这部分的能耗是由建筑的冷热负荷和空调系统冷热源机组的能效比决定的;另一部分是为了输送冷、热媒介质,风机和水泵克服流动阻力需要耗费的电能,称为动力耗能。

(二)空调系统能耗的特点

▶▶ **1.** 空调系统用能的周期性与季节性

由于一天中室外温湿度的周期性变化,以及气候的季节性变化,导致室内空调负荷也呈周期性及季节性变化。为保持室内空调参数的稳定,必须对空调系统进行调节。包括空调系统的日常运转调节和全年性运行调节。

▶▶ **2.** 空调系统所需能源品位低

空调系统所用冷源一般为 4~10 ℃的冷水,甚至高达 13~14 ℃的冷水,所需热源通常为 70~80 ℃的热水。太阳能、地热能以及工业生产的废热也可作为空调热源。冷源也可以用天然冷源,如地道风降温,过渡季和冬季用较低温度的室外空气作冷源,季节性利用地下含水层蓄冷(热)等。

▶▶ **3.** 系统同时存在需要冷(热)量和放出冷(热)量的过程

夏季室外空气需经过冷却处理,而排风正是低温空气。冬季室外空气需加热处理,而排风是温度较高的空气。这样,夏季可以用排风对新风进行冷却,冬季可用排风对新风进行加热。利用这一特点,整个空调系统可以就地进行热回收,有效地利用能源。

▶▶ 4.设计和运行方案的不合理会给系统带来多种无效能耗

空调系统的设计和运行方案不合理,会给系统带来大量的无效能耗。例如:应采用变风量的系统设计却采用了定风量方案;设计方案过于保守,采用过大的设备容量;系统设计中的再热损失等。

▶▶ 5.对运行管理与优化控制要求高

空调负荷的不稳定,决定了系统运行管理及优化控制的重要性。为了维持空调房间的空调参数要求,减少空调系统能耗,必须重视对空调系统的运行管理与优化控制。否则,即使有好的系统设计,也必将前功尽弃,增大无效能耗。

二、空调系统节能的基本途径

(一)合理确定设计及运行参数

室内外设计计算参数是空调系统设计最基本的依据之一。法定设计计算参数分室内计算参数和室外计算参数,它以"规范"和"标准"的形式由政府职能部门通过行政手段强制执行。这些设计计算参数包括气温、湿度、风速等。这些参数的取值范围在我国的《民用建筑供暖通风与空气调节设计规范》(以下简称《规范》)及有关的设计手册中都做了明确规定。此外,还有其他针对系统设计和运行的参数,如最小新风标准、送风(供回水)温度、送风(供回水)温差、气(水)流速度等。这些参数直接影响着空调系统负荷和设备的容量,影响着工程的造价、系统的效率和运行费用。因此合理确定设计及运行参数,对空调系统的节能具有根本的意义。

在设计规范中,上述室内计算参数的取值既不是实际值的最大值,也不是最小值,而是在综合考虑了系统的保证率、技术经济性和国家能源经济政策的基础上制定的。计算参数标准定得过低,系统达不到所需的保证率;定得过高,不但投资增加,而且设备可能长期处于低效率状态运行。因此,在实际确定空调工程的设计和运行参数时,首先要严格执行有关规范和标准,并遵照可用、可行、经济的原则,从节能角度出发,不要片面地追求高标准,要在能够保证需要的前提下尽量降低参数标准。

▶▶ 1. 合理降低室内温湿度标准

使用舒适性空调时,人的舒适感有一个较宽的范围,在运行过程中,室内空气的参数标准就不必定得过高。相关研究表明,室内设定温度参数标准降低 1 ℃,可以节约能源 5% 左右。舒适性空调在温度 18~28 ℃,相对湿度 30%~65%,夏季适当提高室内设定温度,冬季适当降低室内设定温度,可以获得较好的节能效果。

▶▶ 2. 控制新风量

空调工程中为处理新风所需能耗大致要占到总能耗的 25%~30%,对于高级宾馆和办公室建筑可能高达 40%。所以,减少新风负荷对于空调系统的节能具有重要意义。关于减少空调系统的新风负荷,通常有以下几种途径。

第一,冬、夏季取用最小新风量,过渡季节采用全新风。

第二,检测 CO_2 浓度,控制室外空气的摄入量,根据室内人员的变化,增减室内新风量。

第三,采用全热换热器,减少新风冷、热负荷。

第四,在预冷、预热时停止取用新风。

▶▶ 3. 合理确定供、回水温度及送风温差

①当夏季室外气温不是太高时,房间的空调冷负荷减小,空调末端装置的负荷也减小,为此在满足室内舒适性的基础上,可以适当提高供水温度,这样将降低空调末端设备的除湿能力,使系统能耗降低。另外,提高供水温度,从而提高冷水机组的蒸发温度,可提高制冷机的 COP 值,减少制冷机能耗。如果降低冷却水的水温,也可以提高制冷机的 COP 值,达到节能的效果。

②设计规范规定,空气调节冷热水参数,应通过技术经济比较后确定,宜采用以下数值。

第一,空气调节冷水供水温度:5~9 ℃,一般为 7 ℃;供回水温差:5~10 ℃,一般为 5 ℃。

第二,空气调节热水供水温度:40~65 ℃,一般为 60 ℃;供回水温差:4.2~15 ℃,一般为 10 ℃。

③空调系统送风方式的夏季送风温差应根据送风口类型、安装高度、气流射程长度以及是否贴附等因素确定。在满足舒适和工艺要求的前提下,宜加大送风温差。但舒适性空调的送风温差,当送风口高度小于或等于 5 m 时,不宜大于 10 ℃,当送风口高度大于 5 m 时,不宜大于 15 ℃。

(二)冷热源的节能

▶▶ 1. 合理配置制冷机组的台数及容量

根据建筑物负荷的变化特性进行运行机组容量的搭配,可以使设备尽可能满负荷高效率运转。《规范》规定,冷源机组台数应能适应负荷全年变化规律,满足季节变化及部分负荷要求。对于设计负荷大于 528 kW 以上的公共建筑,机组设置不宜少于两台,除可提高安全可靠性外,也可达到节能运行的目的。

▶▶ 2. 考虑冷源机组在部分负荷下运行节能

相关研究表明,在严寒地区、寒冷地区和夏热冬冷地区,制冷机组大部分运行时间都集中在负荷率 30%~50%,在夏热冬暖地区,制冷机组大部分运行时间都集中在负荷率 50%~70%。即使是制冷季较长的夏热冬暖地区,制冷机负荷率超过 80% 的时间也不到 420 h。

通常,随着负荷的变化,冷水机组的制冷量和能耗都会发生较大的变化。市面上生产的制冷机组种类繁多,不同制冷机组的运行性能和节能特性各有差异。因此,在进行制冷机组的选型时,应考虑制冷机组在部分负荷下运行时的节能特性,尽量使制冷机组在节能状态下运行。

▶▶ 3. 天然冷源的利用

太阳能、风能等可再生能源取之不尽。目前已有利用太阳能作为驱动能的吸附/吸收制冷装置在空调工程中得到实际应用,除此之外,一些天然冷源也可直接用于空调供冷。

(1)地下水

地下水是一种常用的天然冷源,在我国大部分地区,采用地下水喷淋空气具有一定的降温效果。为了避免对地下水过分开采,导致地下水位明显降低,甚至造成地面沉陷,工程中通常采用"深井回灌"技术。系统在夏季运行阶段,启动冷深井泵,把冷水送到喷水室对空气进行减湿冷却处理,吸收了空气中的热量而使温度升高的回水经过滤后排入热深井贮存,以备冬季使用。待系统进入冬季运行阶段,启动热深井泵,对空气进行加热加湿处理,低温回水则经滤水器排入冷深井贮存,以备夏季使用。

（2）地道风

地道风也是一种天然冷源。由于夏季地道壁面的温度比外界空气的温度低很多,所以在有条件利用的地方,使空气穿过一定长度的地道,也能实现对空气冷却或减湿冷却的处理过程。

地道风降温系统实际上也是一种利用土壤夏季贮藏冷能的冷源方式,我国有很多建于 20 世纪六七十年代可利用的人防工程,包括山洞、防空洞、隧道、暗河等,均可作为换热地道使用。在无现成的地道可利用时,也可以建造非常简单的地道用于通风降温,其造价比防空或其他用途的地道低廉。

另外,也有基于地道风的空气源热泵系统,这类系统不仅初投资低,而且不用钻井打孔,施工周期短,安装方便,控制灵活。虽然工程的总投资与人工制冷系统的造价接近,但是它能降低电力和维修费用,是一种比较节能的自然能源系统。

目前地道风降温系统主要应用于影剧院、礼堂和工业厂房等公共建筑物,主要以间歇运行方式为主。

（3）天然冰

自 20 世纪 70 年代以来,一些国家兴起了利用天然冰作空调冷源的空调技术研究。天然冰贮存原理非常简单,在冬季气温较低的北方,可以建一座贮冰罐,罐内利用现浇冷冻的办法贮满天然冰。然后,对贮冰罐进行保冷,需要冷量时,将贮冰罐中的冷量引出。一般系统的冷却水都是利用环境介质冷却的,最低温度在 30 ℃左右,而利用贮存的天然冰提供冷却水,可以得到 20 ℃以下的低温冷却水。

天然冰贮存利用技术原理比较简单,但实际上涉及的问题很多,重点是贮冰罐的长时间保温,包括保冷结构设计与保冷效果的计算、贮冰罐内部换热器设计与换热过程的计算、贮冰罐的运行与监控系统设计、贮冰罐保冷基础的设计等。随着以上问题的解决,大规模贮冰技术将为自然冷源的利用做出贡献。

▶▶▶ 4. 利用工业余热制冷

我国工业余热资源丰富,广泛存在于各类工业生产过程中,余热资源约占其燃料消耗总量的 17％～67％,其中可回收率达 60％,节能潜力巨大。工业余热烟气、蒸汽、80 ℃以上的热水等都具有较大的再利用价值,可直接利用吸收式制冷机组或吸附式制冷机组进行制冷。

目前,以溴化锂水溶液为工质的吸收式制冷机应用广泛,一般可利用 80～250 ℃的热源。溴化锂吸收式制冷机采用水做制冷剂,可制取 5 ℃以上的冷冻水,其性能系数 COP 因吸收工质对热物性和热力系统循环方式的不同而不同,实际应用的机组 COP 大多不超过 2,远低于压缩式制冷系统,但是此类机组可以利用低温工业余热、太阳能、地热等低品位热能,适用于规模化的余热回收,目前已在国内获得大规模应用,冷热电联产系统是其中比较典型的应用形式之一。

吸附式制冷机的吸附工质对种类很多,包括物理吸附工质对、化学吸附工质对和复合吸附工质对,适用的热源温度范围大,可利用低至 50 ℃的热源,而且不需要溶液泵或精馏装置,也不存在制冷机污染、盐溶液结晶以及对金属腐蚀等问题;吸附式制冷系统结构简单,无噪音,无污染,可用于颠簸震荡场合,如汽车、船舶等交通工具,但性能系数相对较低,常用的吸附式制冷系统性能系数大多在0.7以下。而且受限于制造工艺的水平,吸附式制冷机的制冷容量往往较小,一般在几百千瓦以下。因此,吸附式制冷机更适合利用规模较小的余热回收。

(三)输配系统的节能

从空调系统能耗分配情况来看,输送动力能耗约占整个空调系统能耗的40%以上。而设计人员往往忽视输配系统方面的节能设计,造成输配系统设计上的不合理和能源浪费。从节能角度看,重视输配系统的设计和管理是提高能源利用效率的最佳途径之一。

空气调节输配系统的节能应从管道的保温(保冷)、减少漏风、泵与风机的节能以及采用变流量系统等方面考虑。

▶▶ 1. 管道的保温(保冷)

为减少输配系统的冷(热)损失,必须进行管道的保温(保冷)。其保温(保冷)厚度须经过技分析和比较确定,或参考相关规范取值。

▶▶ 2. 空调系统的漏风

对空调系统的漏风问题,某些情况下没有特殊要求,而有些情况下则应当控制。对此,设计规范有以下规定:风管漏风量应根据管道长短及其气密程度,按系统风量的百分率计算。对一般送排风系统,风管漏风率宜采用10%。这里分两种情况:①安装在所服务房间以内的全面送排风系统,其风管漏风量不予考虑;②当送风系统的正压管段或排风系统的负压管段总长大于 50 m 时,其漏风率可适当增加;③采用全部焊接的风管时,其漏风率可适当减少。

▶▶ 3. 泵与风机的节能

空调输配系统常用的调节方式是设置大量的水阀和风阀对系统中的水量和风量进行调节。这些调节阀的调节原理是增加系统的阻力,用以消耗水泵或风机的富余压头,以达到减少流量的目的。这种调节管道系统阻力曲线的方法是以消耗水泵或风机运行能耗为代价的。由于此时除阀门外的管路及其他部分的阻力特性没有改变,水泵和风机的大量能量消耗在调节阀上。同时,水泵或风机的工作点偏移造成系统的不稳定、阀门关小后节流和压降引起的噪声等都会对空调系统产生不良影响。此外,为了实现自动控制的要求,这些风阀和水阀要求用电动执行机构控制,但电动阀的价格昂贵,其费用通常可占控制系统总费用的 40% 左右。

调节转速可以改变泵与风机的性能曲线,而不影响管道系统的阻力特性。根据相似定律,风机或水泵的流量、压头(扬程)和功率分别与其转速的一次方、二次方和三次方成正比。由于设备的功率与流量成三次方的关系,而流量与转速成一次方关系,故转速降低可以大幅度减小能耗。由于系统的阻力特性不变,水泵或风机的工作点虽变,但效率基本不变,水泵与风机可以高效、稳定地工作。因此通过调节水泵与风机的转速调节流量是流量调节的理想方法。

动力设备的转速调节有很多途径,通过变频调速可以减少电动机的热损耗。国家有关法规中明文规定要逐步实现电动机、风机、泵类设备和系统的节能运行,发展电动机调速节电技术。

▶▶ 4. VAV 和 VWV 空调系统

空调系统形式的选择,将直接影响冷、热源耗能和动力耗能。选择节能系统,可有效减少空调能耗。

(1)变风量系统(VAV)

通过改变送风量而不是送风温度控制和调节某一空调区域的温度,使送风量与室内空调负荷变化相适应的空调系统。变风量空调系统属于全空气系统,它能根据实际所需的送风量,自动地调节送风机的转速,最大限度地减少风机的动力消耗。相关资料表明,变风量空调系统比定风量空调系统的全年空气输送能耗节约 1/3,设备容量减少 20%～30%。

完整的变风量系统是由空气处理设备、送风系统、末端装置和自动控制元件四部分组成的。变风量末端装置又称为变风量箱(VAV Box),是变风量系统的关键设备,主要用来调节送风量并实现流量分配,以此补偿变化着的室内负荷,从而维持所要求的室温。

(2)变水量系统(VWV)

空调水系统主要包括冷冻水系统和冷却水系统。水系统的能耗一般占空调系统总能耗量的 15%～20%,在实际工程中,有的建筑空调水系统能耗甚至可占空调总能耗的 30%。因此,采用变水量系统,使输送能耗随流量的增减而增减,具有显著的节能效益与经济效益。

在空调水系统中,一般是通过冷冻水供、回水总管的压差旁通装置实现水量控制的,进一步控制制冷机的运行台数,以达到确保系统正常运行和节能的目的。

定水量运行是当负荷减少时,水量不变,用向部分冷水中混入热水的方法来提高水温,适应负荷减少的需要。与定水量变水温的调节方式相比,采用变水量系统的水泵台数控制和转速控制,或两者同时控制的水系统方式是节能的。变水量的运行是负荷减少时减少供水量,冷水温度不变,后者可避免冷、热抵消的能量损失,还可以减小水路输送的能耗。

(四)提高空调设备的自动化水平

随着计算机应用技术的发展,以计算机为基础的集中检测监控系统表示建筑设备自动化系统(BAS)在能量管理方面得到了广泛应用。我国一些大型建筑工程已采用计算机联网控制。

建筑设备自动化系统(BAS)可将建筑物的空调、电气、给排水、防火报警等进行集中管理和控制以及包括冷热源的能量控制、空调系统的燃值控制、新风量控制、设备的启停时间和运行方式的控制、温湿度设定控制、送风温度控制、自动显示、记忆和记录等。它可以通过预测室内外空气状态参数(温度、湿度、焓、CO 浓度等)以维持室内舒适环境为约束条件,把最小耗能量作为评价函数判断和确定所需提供的冷热量、冷热源和空调机、风机和水泵的运行台数、工作顺序和运行时间,即空调系统各环节的操作运行方式,以达到最佳节能运行效果。

建筑设备自动化系统(BAS)造价相当于建筑物总投资的 0.5%～1%,年运行费用的节约率约为 10%,一般 4～5 年可回收全部投资费用。

第三节 中央空调节能技术

一、低温送风技术

低温送风,是相对于常规空调送风而言的。常规空调系统的送风温度为16~18 ℃,低温送风系统的送风温度为4~12 ℃。低温送风是随着冰蓄冷技术的发展而发展起来的一种空调方式。

(一)低温送风空调系统与节能

随着空调系统在现代建筑中的应用越来越广泛,相应的空调系统能耗也迅速增大。一些大、中城市的空调系统用电量已占其高峰用电 35% 以上,使得电力系统峰谷差加大,电网负荷率下降。解决的办法之一就是"移峰填谷",于是一种新型的制冷空调技术蓄冷技术便应运而生。单纯的蓄冷虽然可以起到移峰填谷的作用,运行费用似乎比常规冷源更节省,但庞大且控制复杂的蓄冷系统使冷源的初投资比常规冷源高,制冷机的实际能耗也要高。所以,从真正节能的角度,蓄冷系统的高能耗、高投资必须由低温送风空调系统的低能耗、低投资来弥补。低温送风与冰蓄冷技术结合在一起,能够进一步减少空调系统的运行费用,降低一次性投资,提高空调系统的整体能效。

低温送风空调系统的优势是与冰蓄冷技术相结合,在获得低温冷源的同时,凸显出冰蓄冷系统"移峰填谷"的作用,平衡电网负荷,提高了能源利用率。此外,低温送风系统本身和常规全空气空调系统相比,能够在以下几个方面体现其节能和经济效益。

➤➤ 1.降低输送系统的初投资

一方面由于低温送风空调系统的送风温度降低,送风温差增大导致送风量减少,则风管尺寸和风机功率减小;另一方面由于冷冻水进出口温差增大导致冷冻水量减少,则冷冻水管尺寸和水泵容量均减小。因此整个输送系统的初投资减小。虽然其冷却盘管的排数有所增加,送风末端以及管道保温的投资会有所增加,但是随着送风末端产品的开发,系统的初投资能够降低。

▶▶ 2. 节省建筑空间

由于空调设备和风道尺寸均减小,所占空间亦减小,这会增加建筑的有效空间,降低建筑物层高,从而降低建筑造价。据估算,针对不同的低温送风空调系统和送风温度,建筑物层高可降低 8～24 cm。对于高层建筑而言,在不增加建筑物总高度的前提下,每 20～30 层可增加一层的使用空间。

▶▶ 3. 减少系统运行能耗

与常规空调系统相比,送风温度越低,空调区域越大,低温送风空调系统的节能效益就越明显,同时也降低了电力增扩容费用及运行费用。而与冰蓄冷结合的低温送风空调系统,可以进一步减少整个空调系统在用电高峰段的电能需求,更大程度上减小系统运行的能耗费用。

▶▶ 4. 采用较高的室内干球温度降低能耗

因供水温度低,低温送风系统除湿量大,因此能维持较低的室内相对湿度。实验研究表明,在较低的湿度下受试者感觉更为凉快和舒适。因此,在保持室内热舒适相同的情况下,室内设计干球温度可相应提高左右,以减少围护结构的传热量,从而降低空调能耗。

(二)低温送风空调系统的特殊问题

由于低温送风系统送风温度较低,一般为 4～12 ℃,比常规空调系统 16～18 ℃要低得多,因此很容易在风管的表面出现结露,结露使风管长期处于潮湿环境而腐蚀,进而影响室内空气质量。同时,由于送风温度较低,如果直接在送风末端布置常规散流器,可能会导致散流器出口空气温度低于室内空气的露点温度,在送风口附近产生"结雾"和滴水现象,破坏室内环境。为了解决上述问题,可采取以下方法。

▶▶ 1. 风管保冷

由于低温送风系统的送风温度与环境温度的差值比常温空调系统大,故低温送风系统的风管保冷更为重要,其保冷层厚度也比常温空调系统大。风管的保冷设计内容主要包括保冷材料的选择、保冷层厚度的计算及保冷层的隔汽防潮。

▶▶ **2.送风末端采用低温送风专用散流器**

与传统的散流器相比,低温送风专用散流器具有诱导率高的特点,这使得从空气处理机组送出的一次风在送入室内时与大量的室内回风混合,从而在很短的距离内保证送风温度达到常规空调所能提供的温度水平。目前有两种典型的高诱导比散流器被广泛采用,一种是喷嘴型散流器,其核心部分是末端的一个盒子,盒子周边布置了一系列直径很小的圆孔。另一种是旋流风口,适合安装在层高较高的房间顶棚上,旋流风口所产生的稳定射流能引起周围气流的扰动并形成螺旋状气流,螺旋状气流在下降过程中不断卷吸室内空气,从而完成室内空气与一次风的混合。

▶▶ **3.送风末端加设空气混合箱**

空气混合箱使一次送风和部分回风在混合箱内混合至常规送风状态后,直接通过常规散流器送入空调区域。常规的末端混合箱有:无风机诱导型混合箱、并联型风机动力混合箱和串联型风机动力混合箱。对于并联型风机动力混合箱,一次风不经过箱内风机,而与风机并联,风机只诱导室内空气。对于串联型风机动力混合箱,一次风经过箱内风机。

(三)低温送风空调系统的应用

低温送风空调系统虽然有很多优点,但也有一定的局限性。在采用之前应全面分析了解它能否在特定的项目中发挥优势,通常从以下几个方面考虑。

①有无制取低温冷冻介质的条件。

②对房间相对湿度有无特定要求(如必须高于 40%)。

③对房间通风换气有无很高要求。

④经济上是否要求投入资金相对较少。

⑤全年中能否有大量时间可利用 7~13 ℃送风温度为室内环境供冷。

从低温送风的优点及局限性可以看到,低温送风系统在下列场所可优先考虑使用。

①建筑空间有限,需要采用尽量小尺寸的送风管道。

②改造项目,如冷负荷已增加或超过现在供冷能力。

③采用冰蓄冷的项目。

④希望降低房间相对湿度的场合。

⑤希望通过降低建筑层高以达到降低建筑造价或增加建筑物有效使用面积的场合。

二、变风量空调技术

变风量空调系统亦称 VAV(variable air volume)系统,它是通过改变送入室内的送风量来适应空调区的负荷变化,是随着空调节能要求而发展起来的一项技术。我国始于 20 世纪 80 年代,随着我国办公建筑设计标准的提高,该系统得到了推广和应用。

(一)变风量空调系统与节能

变风量空调系统是全空气空调系统的一种形式。当室外温度和室内热源变化时,空调区负荷也是变化的,为了保证室内温度的稳定,需要对空调系统进行运行调节。对于全空气系统,通常有两种调节方式:①送风量保持不变而调节送风温度,即常规的定风量空调系统。②送风温度不变而调节送风量,即变风量空调系统。

变风量空调系统能够根据室内空调负荷的变化情况通过末端装置自动调节送入房间的送风量,确保室内温度保持在设计范围内。与常规定风量空调系统相比,变风量空调系统的节能性在于不采用再加热方式或双风管方式就能适应各房间或区域的温度要求,完全消除再加热方式或双风管方式带来的冷热混合损失。此外,其节能性还表现为以下几方面。

▶▶ 1. 设备容量减少

由于 VAV 系统能自动适应负荷的变化,在确定系统总风量时可以考虑一定的同时使用情况,所以能够减少风机装机容量。研究表明,和定风量(CAV)空调系统相比,设备容量减少 20%～30%,建筑物同时使用系数取 0.8 左右,可以节约空调系统的总装机容量 10%～30%。设备容量的减少可以节省空调设备对建筑空间的占用,降低建筑造价。

▶▶ 2. 运行能耗的减少

由于空调系统在全年大部分时间是在部分负荷下运行的,而变风量空调系统是通过改变送风量调节室温的,末端装置可以随空调房间实际负荷的变化而改变送风量,而且充分利用负荷差异,减小系统的总负荷,使得变风量空调器的冷却能力及风量比定风量风机盘管系统减少 10%～20%,从而减少空调机组的风机能耗,明显降低运行能耗。

(二)变风量空调分类

变风量空调系统按照空调机组所采用的送风管道的数目来分,可分为单风道变风量系统和双风道变风量系统。前者只是用一条送风管通过变风量末端装置和送风口向室内送风;后者用双风管送风,一条风管送冷风,一条风管送热风,通过变风量末端装置按不同的比例混合后送入室内,双风管变风量系统,不符合节能原则,不宜采用。

按照所服务的区间来分,有单区系统和多区系统。当空调系统向负荷变化的区域送风时,采用多区变风量系统显示了它的优越性。除了空调机组的风量可以调节外,每个空调房间的送风口都装有变风量末端装置,并由室内温控器来控制送入房间的风量,达到有效控制各房间温度的目的。

按照风机风量是否可以变化来分,有"真"变风量系统(VAV)和"准"变风量系统(BVV),即旁通式系统。对于旁通式变风量空调系统来说,当空调区负荷发生变化时,空调机组送入房间的空气通过风管或变风量末端装置或送风口,将处理过的空气进入房间之前部分旁通到回风中,以改变送入房间的风量,达到变风量和控制室内温度的目的。

按照变风量末端装置的结构型式和调节原理来分,有节流型、风机动力型、旁通型和双风管型等 4 种。其中节流型是最基本的,其他的型式都是在节流型的基础上变化发展起来的。

(三)变风量空调系统设计

▶▶ 1. 空气处理机组的选择

变风量系统空气处理机组即空调机,一般采用组合式空气处理机组,可实现各个功能段的优化组合,大多设置在单独的空调机房内或安装在建筑物的屋顶机房内。

变风量空调机组的风机常采用中、高压离心式风机,风机的风压根据风管系统布置、末端装置的类型和风口形式确定。大多数空调机组风机的全压为 1 000～1 500 Pa,机外静压一般为 450～700 Pa,如按常规定风量空调系统概念,配置空调机组的机外静压为 250～300 Pa,在工程调试时常发现风量不够。变风量空调机组送风机的电动机由变频装置驱动,使得空调机组风量范围变化大,适用于大风量的空调系统。

普通的空调系统空气过滤效率较低,风口附近容易出现黑渍,影响室内空气品质。变风量空调机组的过滤器大多采用比色效率 60% 的中效袋式过滤器。

高档写字楼,可每层设一台空调机组,也可根据建筑朝向的不同,设置多台小型空调机组。对于进深较小而不设内、外区的空调系统,变风量空调机组需设置冷盘管和热盘管。对于进深较大而设置内、外区的,且外区末端装置采用再加热盘管或独立冷热装置,进入空调机组的新风已经过预处理的空调系统,其变风量空调机组里一般只设冷盘管。

》》 2. 送风管道的设计

集中式空调机组的送风量根据系统逐时总冷负荷最大值计算确定,区域送风量按区域逐时负荷最大值计算确定,房间送风量按房间逐时负荷最大值计算确定。因此,各空调房间末端装置和支管尺寸按空调房间最大送风量设计,区域送风干管尺寸按区域最大送风量设计,系统总送风管尺寸按系统送风量设计。

送风管道设计时,为使末端设备的运行较为稳定,要求变风量末端装置的送风管内有一定的静压,且运行过程中应保持稳定,以利于末端装置的稳定运行。一般都设计成中速中压系统,也可以设计成低速低压系统,但是应满足系统静压控制的要求,并保证末端装置运行的静压值。

送风管道设计除满足技术要求外还应考虑管网的初投资和运行费。一般管网的初投资和运行费变化是相反的:风管尺寸大,初投资增加,阻力小,运行费低;风管尺寸小,初投资减小,阻力大,运行费高。需要对二者权衡优化,取得一个合理的平衡。

》》 3. 变风量空调系统的控制

变风量系统送至各房间的风量和系统的总风量,都会随着房间负荷的变化而变化,基本控制要求包括以下几方面的内容。

(1)房间温度的控制

根据房间设定的温度,调节末端装置风阀的开度,从而调节进入房间风量,并使空调房间的温度尽量平稳,减少受其他因素的影响。

(2)空气处理机组的控制

保证送风温度符合设计要求,同时使送风量随系统负荷的下降而减少,实现最经济的运行。

（3）房间正压的控制

通过对送风机和回风机的平衡控制来实现房间正压。

（4）新风量的控制

变风量空调系统是根据冷热负荷变化来调整风量的，当室内负荷减少时，送风量和新风量同时减少，对新风量有要求的房间，需采取恒定新风量的措施，如设定变风量末端最小开关或根据 CO_2 浓度控制新风量。

(四)变风量空调系统的应用

➤➤ 1.负荷变化较大的建筑物

由于变风量空调系统可以减少送风机和冷热源机组消耗的能量，故对负荷变化较大的建筑物可以采用变风量空调系统。例如办公大楼，一旦建筑物内有人员聚集和灯光开启，负荷就接近尖峰；人员离开或灯光关闭负荷就变小，因此负荷变化较大。再如图书馆或公共建筑，具有较大面积的玻璃窗和变化较大的负荷，也适合采用变风量系统，因为这类建筑部分负荷的时间比较长。

➤➤ 2.多区域控制的建筑物

多区域控制的建筑物适合采用变风量系统。因为变风量系统在设备安装上比较灵活，故用于多区域时，比一般传统的系统更为经济。

➤➤ 3.有公用回风通道的建筑物

有公用回风通道的建筑物可以采用变风量系统。公用回风通道可以获得满意的效果，因为如采用多回风通道可能产生系统静压过低或过高的情形。一般，办公大楼和学校均可采用公用回风通道。然而，也有一些建筑物不适合应用，如医院中的隔离病房、实验室和厨房等，因为这类场所采用公用回风通道会造成空气的交叉污染。

三、新风节能技术

新风负荷在空调系统负荷中所占的比例较大，因此如何降低新风负荷对中央空调系统的节能显得尤其重要。

目前,降低新风负荷主要可通过以下途径来实现。

(一)提高新风品质

要减少新风量又要保证室内空气品质就必须提高入室新风空气质量和提高新风利用率,可以从以下两个方面入手。

第一,要加强新风口设置的管理,保证新风口设置在建筑周围污染物浓度较低处。首先,引风点必须是一个空气质量相对较好的地方。其次要保持新风的新鲜度,要尽量减少从新风入口到室内的路程,使新风尽可能地保持少受污染,因为新风处理机、风管等均有可能对新风造成二次污染。在选取新风口和新风入室的路径方面,设计人员有必要对建筑周围的环境污染物分布情况进行分析。

第二,要对新风进行净化处理,增加过滤网的效率,选择具有杀菌、吸附功能的过滤功能段,并需要定期更换过滤网。这些措施虽然可能使成本增加,但能减少系统对新风量的引入量,对提高室内空气品质和减少新风处理能耗大有好处。

(二)调节新风量

通过调节空调系统的新风量节省空调系统的能耗有两方面含义:一是在过渡季节,用焓值较低的室外新风抵偿部分冷负荷,节省对空气热湿处理的能耗;二是在冬季,新、回风以最小新回风比混合后的含湿量大于送风露点的含湿量时,可用冬季新风的低湿度,增大新风量使新回风混合后参数达到要求,从而不需要用冷却减湿的方式来保证室内相对湿度,节省了人工冷源的能耗。

研究表明,一些地区在春秋两个季节差不多有三个月的时间,可以利用新风的冷量,采用新回风混合或是全新风来供冷,而不用开启制冷机。新风量如果能够从最小新风量到全新风变化,在春秋季可以节约近 60% 的能耗,全年累计变新风量所需的供冷量比固定的最小新风量所需的供冷量少将近 20%。所以充分利用室外低温新风的节能效果是很明显的。

为了实现新风量的全年可调,应当设置可调节风量的排风系统,以保证室内的正压恒定。如果不设置排风系统,室内正压将随新风量的变化而波动,甚至会造成回风排不掉,新风抽不进的情况。

(三)新风预热处理

空调系统中对新风热湿处理所消耗的能量较多,而对新风的热湿预处理可以采用低品位的能源,因此采用新风预处理技术对能量的高效利用具有重要意义。新风预处理技术通常有两类,即热回收式新风预处理和除湿式新风预处理。

▶▶ 1.热回收式新风预处理

为了保证室内压力恒定,空调房间有多少新风就有多少排风。又由于空调房间排风的热状态参数接近室内空气的参数,排风的焓值相比新风有一定的焓差,直接排入大气会造成能量损失,可利用排风来预冷或预热新风。热回收式新风预处理是在传统空调系统中增设预处理新风的热回收装置。热回收装置的种类很多,有全热换热器、显热换热器、闭式环路热回收新风预处理系统、热泵等。其中,以转轮式全热换热器的热回收效率最高,可接近 77%,闭式环路热回收系统的设备费最少,且维护简单。

▶▶ 2.除湿式新风预处理

除湿式新风预处理是利用除湿设备处理新风,包括两种方法:第一种是直接将除湿设备处理的空气送入空调房间与经空调机组处理的空调送风进行混合;另一种是用除湿设备将新风预处理后再送入空调机组。第二种是将除湿技术与空调技术相结合,可先将新风中的潜热转化为显热,然后再利用冷源去除显热。除湿式新风预处理,由于可以将室内湿负荷交给新风承担,因而可以将温、湿度控制解耦,避免了冷热抵消和机器露点过低的要求,减少了制冷量,同时实现温、湿度独立控制,调节方便,精度高。处理显热的冷却盘管为干工况,极大地降低了真菌、细菌生长的可能性、有利于提高室内空气品质。若除湿式新风预处理与蒸发冷却、冷辐射吊顶等技术联合使用,节能效果更明显。

第四节 大空间建筑物空调节能技术

一、大空间建筑概述

(一)大空间建筑的定义

顾名思义,"大空间建筑"要研究的内容是"建筑","大空间"只是对"建筑"的限定,是度的范畴,使用空间是对建筑进行的一种量的界定。

"大空间"是一个相对的概念,它不是用精确的数字来衡量的,而是建立在经济、技术和社会文化背景之上约定俗成的概念。同时,由于科技的发展、新材料的出现、新技术的应用以及各种新情况的不断出现,大空间的绝对尺寸不断更新,并没有一个通用的尺度标准。

"大空间建筑"的含义可以分解为以下几个方面。

第一,空间内聚集的人数很多,是人们进行群体生产、生活或其他活动需要的场所或空间。

第二,空间和场所体现人类一定群体共同的艺术和精神需求。

第三,空间跨度大,高度高,要求的建造技术高,能集中体现相应历史时期经济和科学技术的发展水平。

第四,聚集着人和物的空间内要求静态和动态的活动无阻挡、无遮拦。

(二)大空间建筑的特征

⫸ 1. 高度高

大空间建筑的特征之一就是高度高,这使得热分层现象成为这类建筑广泛存在的物理现象。建筑空间高度对温度分层形式及状况有很大影响,随着高度的增加,温度分层现象更加突出。充分利用大空间建筑这一特性,来降低大空间建筑的整体能耗,提高大空间建筑的热舒适性,减少建筑对环境产生的负面影响具有十分重要的意义。

⫸ 2. 外墙面积大

大空间建筑四周外墙的面积与地板面积的比值较大,由此造成的影响便是室外环境通过大面积的外墙与室内环境进行热交换;而且当室外环境温度较低时,会在大空间建筑的外墙处形成下沉的冷气流。

⫸ 3. 体积大

由于高大空间建筑的结构尺寸通常较大,其体积也较大,其中小型体育馆体积为 1 万～2 万 m^3,中型体育馆体积能够达到 20 万 m^3,大型体育馆的体积可以达到百万立方米。居留的人员比较密集 1～2 人/m^2,正常比赛用地除外,所以大空间建筑的人均体积(容积)显然与办公楼不同。

▶▶ **4.功能多**

大空间建筑除具备有限功能的古典音乐厅、大剧院、会堂以外,还具有多功能要求的体育运动、杂技、演剧、音乐会、展示会等。有时需要设置临时舞台、活动座椅等装备,不仅影响了空调系统的布置,也影响了空调系统负荷以及冷热源的配置。

二、分层空调技术

(一)分层空调的定义

分层空调是指仅对高大空间的下部区域进行空调,使下部空间区域的空气参数满足一定的温湿度要求,而对上部区域不要求空调。分层空调方式是以送风口中心线作为分层面,将建筑空间在垂直方向分为两个区域,分层面以下空间为空调区域,分层面以上空间为非空调区域。

空调区域冷负荷由两大部分组成,即空调区本身得热形成的冷负荷和非空调区向空调区热转移形成的冷负荷,热转移负荷包括对流和辐射两部分。当空调区送冷风时,非空调区的空气温度和内表面温度均高于空调区,由于送风射流卷吸作用,使非空调区部分热量转移到空调区直接成为空调负荷,即对流热转移负荷。而非空调区辐射到空调区的热量,被空调区各个面接收后,其中只有以对流方式释放的部分才转为空调负荷,即辐射热转移负荷。夏季由于太阳辐射热作用到各外围护结构中,屋盖的内表面温度最高,而地板的内表面温度往往是最低的,非空调区各个面(包括透过窗进入空调区的辐射热)对地板的辐射热占辐射热转移热量的 $70\%\sim80\%$。

(二)分层空调的应用

分层空调技术在应用时需要遵循以下基本原则。

▶▶ **1.供冷时**

冷风只送到工作区,此外利用室外空气或回风进行分隔形成上部非空调空间,或用于满足消防排烟之需。

2. 供暖时

送风温差宜小,且应送到工作区,有条件时与辐射供暖相结合。采取这些措施后,空调负荷可减少30%～40%。在分层空调的设计中,气流组织非常重要,它直接与空调效果有关。能否保证工作区的温度分布均匀,得到理想的速度场,达到分层空调的效果和节能的目的,很大程度上取决于合理的气流组织。只要将空调区的气流组织好,使送入室内的空气充分发挥作用,就能在满足工作区空调要求的前提下,最大限度地降低分层高度,节约空调负荷,减小空调设备容量并节省设备运转费用。

3. 严寒和寒冷地区冬季供暖时

由于热空气上浮,上部空间的温度较高,而人员活动区域的温度就会受到影响。因此,分层空调在冬季供暖工况下并不节能,通常可采用以下两种方法改善空调的节能性。

①设置室内循环系统,将上部过热空气通过风道引至下部空间再利用。
②底层设置地板辐射供暖系统或地板送风供暖系统。

三、置换通风技术

置换通风起源于20世纪40年代的北欧,它最早应用于工业厂房,解决室内污染物的控制问题。随着民用建筑室内空气品质问题的日益突出,置换通风方式的应用转向民用建筑,并因其具有较高的通风效率和节能性,日益受到设计人员和业主的关注,已经在工业建筑、民用建筑及公共建筑中得到应用。

(一)置换通风的原理与特点

1. 置换通风的原理

置换通风是将经过热湿处理的新鲜空气以较小的风速及湍流度沿地板附近送入室内人员活动区,并在地板上形成一层较薄的空气湖。空气湖由温度较低、密度较大的新鲜空气扩散而成。室内的热源(人、电气设备等)在挤压流中会产生浮升气流(热烟羽),浮升气流会不断卷吸室内的空气向上运动,到达一定高度后,受热源和顶板的影响,发生湍流现象,产生湍流区。排风口设置在房间的顶部,将热浊的污染空气排出,属于"下送上排"的气流分布形式。如果烟羽流量在近顶棚处大于送风量,根据连续性原理,必将有一部分热浊气流下降返回,根据流量守恒,在任一个标高平面上的上升气流流量等于送风量与回返气流流量之和。

在某一平面高度会出现烟羽流量正好等于送风量的情况,该平面上回返空气量等于零,这就是热分层界面。在稳定状态时,热分层界面将室内空气在竖直方向上分成两个区域,即下部的单向流动清洁区和上部的湍流混合区。

这两个区域的空气温度场和污染物浓度场特性差别较大。下部单向流动区域存在明显的垂直温度梯度和污染物浓度梯度,上部湍流混合区域温度场和污染物浓度场则比较均匀,接近排风的温度和污染物浓度。因此,从理论上讲,只要保证分层高度在工作区以上,首先由于送风速度和湍流度较低,即可保证在工作区大部分区域风速低于 0.15 m/s,不产生吹风感。其次,新鲜清洁空气直接送入工作区,先经过人体,可以保证人处于相对清洁的空气环境,从而有效地提高工作区的空气品质。

▶▶ 2. 置换通风的特点

传统的混合通风是以稀释原理为基础的,全室温湿度达到均匀,而置换通风以浮力为动力,只需满足工作区的热舒适性。置换通风具有送风温差小、送风速度及湍流度低、存在垂直温度梯度以及污染物浓度梯度等特点。

(1)以浮力为动力

置换通风系统的气流运动以空气密度差形成的浮力为动力,气流组织类似单向活塞流,湍流度低,风速低。置换通风房间内的热源有工作人员、办公设备和机械设备等三大类。在混合通风的热平衡设计中,仅把热源释放的热量作为计算参数而忽略热源产生的上升气流。置换通风的主导气流依靠热源产生的上升气流及烟羽流驱动房间内的气流流动,从而将热量和污染物等带至房间上部,脱离人的停留区,最终从房间顶部的回(排)风口排出,并形成室内底部温度低、顶部区域温度高的结果。由于室内流动的动力主要是热羽流,因此很难利用传统射流理论预测室内空气速度和温度的分布。

(2)送风温差小、送风速度及湍流度低

为了保证好的热舒适性以及降低吹风感,置换通风的送风温度不能太低,风速不能太大。根据建筑要求不同,送风温差一般取 3~4 ℃,送风速度一般取 0.13~0.50 m/s。当置换通风房间由靠墙散流器以低速向工作区送冷风时,冷空气下沉于地面,贴近地面的冷空气层在地面以上 0.04~0.1 m 处出现最大速度,此速度由送风量、阿基米德数和送风装置确定。在一定条件下此最大速度可能大于气流出口处的速度,是产生吹风感和局部不适的主要原因,应引起注意。散流器的选择是至关重要的,其扩散性能(出口气流卷吸周围空气的能力)对工作区温度梯度乃至通风效率有一定影响,卷吸性能强的风口能使工作区温差减小 0.2～0.7 ℃,这对工作区温差小于 3 ℃的舒适性限制是有一定意义的。

(3)明显的垂直温度梯度和污染物浓度梯度

由于热源引起的上升气流使热气流逐渐浮向房间的顶部,因此,房间在垂直方向上存在温度梯度,即置换通风房间内除热源附近,水平方向上同一高度平面上空气温度几乎无差别,而在垂直方向上则存在明显的温度梯度,即下部温度低,上部温度高。层高越大,这种现象越明显。在层高、送风温度及速度相同的条件下,垂直温度梯度主要受热源形式和热源垂直分布的影响。当热源在房间较低处时,垂直温度梯度在低处较大,而在高处较为均匀。当热源在房间较高处时,垂直温度梯度在低处较小,而在高处较大。这种垂直温差"上高下低"的分布与人体的舒适性规律有悖,因此应当控制离地面 0.1(脚踝高度)～1.1 m 的温差不能超过人体所容许的程度,否则会造成"脚寒头暖",影响热舒适性。ISO 7730 规定离地面 0.1(脚踝高度)～1.1 m 的温差应小于 3 ℃。另外,可以将冷却顶板同置换通风结合,这样不仅可以增加空调系统的冷负荷容量,还可以减小垂直温差并提高人体舒适度,但必须注意负荷的分配以及冷吊顶发生凝结等问题。

置换通风的污染物浓度梯度与温度分布相似,污染物浓度也存在浓度分层,即上部污染物浓度高,下部污染物浓度低,在 1.1 m 以下的工作区其污染物浓度远低于上部的污染物浓度。

(4)热力分层现象

置换通风存在热分层界面,该界面在垂直方向上将室内空气划分为上部湍流混合区和下部单向流动清洁区。置换通风条件下,下部区域空气凉爽而清洁,只要保证分层高度(地面到界面的高度)在工作区以上,就可以确保工作区良好的空气品质,而上部区域不属于人员停留区,其污染物浓度甚至可以超过工作区的允许浓度。实际工程中,置换通风室内的热力分层较为复杂,各种热源形成的烟羽流既沿高度方向运动也沿水平方向运动,且不同方向的运动之间相互影响。热力分层高度与送风量有直接关系,故保证一定的送风量是确保分层高度的关键。

▶▶ 3. 置换通风的优点

置换通风相对于通过射流达到分层的方式有三个优点:第一,是节能,置换送风方式避免了将灯光和屋顶负荷的对流部分带入空调区域,可使送风量大大减小,从而节省了设备运行和投资费用,并且空调区域精确控制在近人活动高度,对应的负荷也相对减少。研究表明:置换通风较之传统形式的空调可节能 25％～50％;第二是能获得更好的空气品质。置换通风的换气效率通常为 0.5～0.67,通风效率为 100％～200％;第三是降低了吹风感。

(二)置换通风的节能效益

置换通风不仅在提高空气品质方面有较为突出的优势,同时也具有较好的节能效益。下面从冷负荷、送风温度及新风量三个方面对置换通风系统的节能性进行分析。

1. 冷负荷的减少

采用置换通风进行夏季供冷,室内冷负荷主要由三部分组成:室内人员及设备的负荷;上部灯具的负荷;围护结构以及太阳辐射的负荷。与传统空调系统负荷相比,室内冷负荷理论值较小,这是因为:由于置换通风,自身的特点,室内存在温度梯度,这会使工作区上部空间内的温度值高于设计温度,这将使整个房间温度较高。从传热学角度分析,室内温度升高将会使室外向室内传入的热量减少,因此室内冷负荷降低。

此外,与混合通风相比,当置换通风的排风温度高于室内设计温度时,通过排风可以带走一部分热量,使得空调系统所需的制冷量减少,节约能耗。

2. 送风温度的提高

为达到较好的热舒适性,相比较而言,置换通风的送风温度要比传统空调送风温度高。送风温度的提高使得制冷机组内制冷剂的蒸发温度升高,制冷机组 COP 增大,运行效率提高。同样因送风温度有所提高,过渡季节利用自然冷源时间长,可延迟冷机开启,降低运行能耗。

3. 新风量的减少

在送风参数及排风口处污染物质量浓度相同条件下,将置换通风与传统空调送风方式做比较,以全室为对象,两种送风方式的排污能力相同。而以人员活动区为对象,因置换通风方式存在污染物质量浓度梯度,人员呼吸区污染物质量浓度低于排风口处污染物质量浓度,所以置换通风的排污能力优于传统空调送风。在保证同样的室内空气品质时,由于置换通风的通风效率高,因此所需新风量少,节能效果提高。

第七章 绿色建筑采暖节能

第一节 热源节能技术

热源,一般是指能够向周围散发热量的物体。本书将热源定义为能够向建筑物提供热量的装置或系统,例如:锅炉,利用余热、地热、太阳能等规模化地向建筑室内提供热量的装置或系统,利用高位能将低位热源如空气、水以及土壤中的热量输送到建筑室内的热泵等,都可以称之为热源。

一、锅炉节能技术

锅炉是采暖工程中重要的热源设备,由"锅"和"炉"两部分组成。锅炉的"锅"是盛水的容器,"炉"是燃料燃烧的场所,二者以换热表面分开。在热水锅炉中,"锅"中的水通过换热表面吸收"炉"中燃料燃烧释放的热量变为温度较高的热水,并以热水的形式稳定地向建筑物提供热量。

锅炉节能的主要途径有:①减少锅炉热损失;②锅炉设计与节能改造;③锅炉的节能运行;④辅助设备的节能运行。

(一)锅炉热损失

锅炉的热损失是不可避免的:但通过良好的设计和运行管理,可使锅炉的热损失达到最小。通常所说的锅炉热损失包括排烟热损失、气体及固体不完全燃烧热损失、散热损失以及其他热损失。

▶▶▶ **1.** 排烟热损失

锅炉排烟热损失是指由于烟气从锅炉排出时的温度比环境温度高而导致的热损失。影响排烟热损失的主要因素是排烟温度和排烟体积。排烟温度越高,排烟热损失越大,所以应尽量降低排烟温度。但是如果排烟温度降得过低,则会导致传热温差过小,换热所需的金属受热面积将大大增加,导致金属耗量增大,因此排烟温度过低在经济上是不合理的。另外,为了避免尾部受热面腐蚀,排烟温度也不能过低。影响排烟体积大小的因素有炉膛出口过量空气系数、烟道各处的漏风量以及燃料所含的水分。为了减少排烟损失,应尽量减少炉墙及烟道各处的漏风。

▶▶ 2. 气体不完全燃烧热损失

气体不完全燃烧热损失是由于烟气中有一部分可燃气体未燃烧放热就随烟气排出而造成的热量损失。气体不完全燃烧热损失应为烟气中各可燃气体体积与它们的体积发热量乘积的总和。影响气体不完全燃烧热损失的主要因素有:燃料的挥发分、炉膛过量空气系数、燃烧器结构和布置、炉膛温度和炉内空气动力工况等。

▶▶ 3. 固体不完全燃烧热损失

固体不完全燃烧热损失是由于进入炉膛的一部分固体燃料没有参与燃烧而引起的热损失,也称为机械不完全燃烧热损失。燃烧方式不同,锅炉的固体不完全燃烧热损失也不同。影响固体不完全燃烧热损失的主要因素有:燃料的性质、燃烧方式、炉膛结构及运行情况等。对于气体和液体燃料,在正常燃烧时这部分热损失为 0。

▶▶ 4. 散热损失

散热损失是指由于锅炉的围护结构及锅炉范围内各种管道、附件的温度高于环境温度,热量以对流或辐射的方式散失于大气而造成的热量损失。散热损失的大小与锅炉外表面积的大小、外表面温度、炉墙结构、保温隔热性能及环境温度等有关。

▶▶ 5. 其他热损失

锅炉的其他热损失主要是指灰渣的显热损失,是由于锅炉排出灰渣的温度一般都在 600℃ 以上而造成的热损失。另外,在大容量锅炉中,由于某些部件(如尾部受热面的支撑梁)要用水或空气冷却,而水或空气所吸收的热量又不能送回锅炉系统应用时,就造成冷却热损失。

(二)锅炉的节能运行

锅炉燃烧调整是锅炉运行的重要环节,燃烧工况的优劣对锅炉设备以及整个锅炉房的经济性都有很大影响。燃烧调整是指通过各种调节手段,保证送入锅炉内的燃料能及时、完全、稳定和连续地燃烧,并在满足机组负荷需要的前提下使燃烧工况达到最佳。

》》1.过量空气系数的调整

在保证燃料完全燃烧的条件下,保持尽可能低的过量空气,有助于降低排烟热损失。低的过量空气系数还可以使燃烧用空气量减少,节省通风动力的电耗。

》》2.燃料量与风量调节

燃料量调节主要是根据锅炉负荷的变化增减燃料,风量调节主要是根据燃料的增减,维持合理的燃料风量比,即保持最佳的过量空气系数。

》》3.吹灰

积灰是指温度低于灰熔点时灰粒在受热面上的积聚体,积灰几乎可以发生在任何受热面上。一般,积灰可分为干(疏)松灰、高温黏结灰和低温黏结灰等三种形态。定期吹除受热面的积灰以改善传热效率、保持锅炉原有出力。吹灰方式有压缩空气吹灰、蒸汽吹灰和药物清灰三种。

(三)辅助设备运行节能

》》1.风机与水泵的运行节能

锅炉运行过程中负荷通常是变化的,当锅炉负荷改变时,要求风机的风量也要相应改变。但由于离心式通风机所产生的全压随风量的变化比较平缓,而烟风阻力随风量的变化则相应加剧,并且它们的变化趋向基本反向。因此,风机的工况偏离设计工况点越多,风量的供与求之间的不平衡就越大,从而必须采取调节措施平衡。

目前锅炉房所用风机的调节方式有节流调节、导向器调节和变速调节。其中,变速调节最受青睐,因其具有显著的节能效果。

》》2.水处理系统节能运行

锅炉房内水处理节能技术的应用对整个供暖系统的节能是非常关键的。目前普遍采用的锅炉节水节能措施包括:防止锅水结垢,以提高锅炉的热效率;减少排污量和回收排污热,以减少排污热损失;回收凝结水,以提高热利用率和节约锅炉给水。要防止结垢和减少排污率,必须通过提高给水质量和加入阻垢剂才能实现。回收凝结水的前提条件是,保证凝结水不被腐蚀性物质所污染。

低压锅炉配套使用的钠离子交换设备,使用较多的是固定床和浮动床。设备比较简单,但出水质量不好。可能出现的问题有:阀门泄漏或开关不严造成硬水、软水、盐水相互流窜,影响锅水质量;交换罐锈蚀造成树脂"中毒",有些交换罐使用多年,碳钢罐体内防腐能力降低,有些根本无防腐措施,树脂受铁离子污染中毒,失去交换能力;滤帽滤网破损或喷头脱落,造成树脂逃逸,树脂量不足,有些树脂破碎,又未及时添加;软水贮水设备本身的原因造成软水硬度提高或二次污染,铁制软水箱在使用一段时间后没有及时进行防腐处理,导致锈蚀严重、氧化铁剥落等。

综上所述,锅炉节能一方面要通过改进设计、加强现有设备改造,减少各种能量损失等途径完成,另一方面也要通过运行调节提高锅炉热效率实现。

二、其他热源节能技术

建筑领域主要应用的热源技术及设备除了锅炉之外,主要是地热供暖技术和热泵技术。当然,太阳能供暖、余热锅炉采暖和热回收等技术也属于采暖系统热源节能的范畴,随着我国节能技术的进步,这些节能效益显著的热源节能技术将会在未来建筑的采暖系统中得到大规模应用。

(一)地热供暖技术

地热资源作为一种清洁、环保的可再生资源在近年来得到了广泛应用,通过对国内外地热资源开发实践观察发现:综合开发利用地热资源可以带来较高的社会、经济和环境效益。在我国,地热水被广泛应用于洗浴、发电、供暖、温室、农业养殖等。将地热井水用于供暖不但环保、节能,在工艺技术上也相对简单。目前地热供暖主要有以下两种形式。

》》 1. 地热直接供暖

地热直接供暖是指地热水直接通过热用户,然后排放掉或进行回灌。这种供暖形式具有结构简单、初投资少、供暖效率高等特点。在地热水进入热用户之前,根据水质条件可以增设除砂器,为调节进入热用户的热水温度,可增设供暖调峰装置和混水器等。如果采用锅炉调峰装置,地热水相当于锅炉供水。如果采用热泵调峰,一般以通过热用户后排放之前的地热水作为热源为热泵的蒸发器提供热量,使地热水的排放温度进一步降低。

采用地热直接供暖时,应注意以下问题。

第一,地热水中含有引发化学腐蚀的成分,如氯离子、硫酸根离子。因此,地热直接供暖系统在运行过程中,应严格控制系统内的含氧量,以降低腐蚀成分对管道系统的腐蚀速度。

第二,由于地热直接供暖具有出水温度基本恒定的特点,要充分利用地热水的热能,尽量降低地热水的排放温度,增加供、回水之间的温度差。当然,从节能的角度出发,合理的供暖设计应当增加调峰措施,在大部分供暖时间内采用地热直接供暖,而仅在很短的时间内采用地热供暖加调峰装置供暖。

第三,由于地热水泵的承载扬程过高,水头难以稳定,导致地热直接供暖系统的水力调节性较差,故不宜用于高层建筑的供暖。

▶▶ **2. 地热间接供暖**

与直接供暖不同,间接式地热供暖系统的地热水不直接进入用户散热器,而是通过换热站,将热量传递给供暖管网的循环水,温度降低后的地热水回灌或排放掉。由于地热水不经过供暖管网,散热器腐蚀的问题得到解决。另外,供暖管网的压力也比较稳定,因此在大规模集中地热供暖系统中推荐采用间接式供暖系统。间接式地热供暖系统的缺点是:增加了换热站,循环水进入热用户的温度比地热水的出水温度低。

(二)热泵技术

"热泵"是一种能使热量从低温物体转移到高温物体的能量利用装置。恰当运用热泵,可以把那些不能直接利用的低温热能变为有用的热能,减少燃料消耗。提高热泵装置或系统的效率则可以通过降低热泵的能量输入来进一步减少能耗。

▶▶ **1. 热泵的工作原理**

热泵是一种以消耗一部分能量(如机械能、电能、高温热能)为代价,通过热力循环,把热能由低温物体转移到高温物体的能量利用装置。它的原理与制冷机完全相同,是利用低沸点工质(如氟利昂)液体通过节流阀减压后,在蒸发器中蒸发,从低温物体吸取热量,然后再将工质蒸汽压缩使其温度和压力提高,经冷凝器放出热量而变成液体,如此不断循环,把热量由低温物体转移至高温物体。与制冷装置相比,热泵也采用逆循环,但其使用目的是利用冷凝器释放的热量制热。

▶▶ 2.热泵分类

热泵技术从应用形式上,可分为空气源热泵、土壤源热泵和水源热泵三种。

(1)空气源热泵

空气源热泵是一种以室外空气为热源的热泵,设备通过和室外空气进行热交换,将室外低温空气的热量回收,供给室内采暖的一种热泵形式。家庭常用的分体空调就属于这种形式,在南方大规模应用的风冷热泵机组也是属于这种情况。

优点:由于空气源热泵换热的媒介是空气,随处可得,所以其应用不会受到地区的限制,而且安装工艺简单,目前已在空调领域得到了较广泛的应用。

缺点:空气源热泵与空气的换热效率很低,通常供热系数在2左右,比电加热节省一半费用。但是随着外界空气温度逐步降低,热泵机组效率也逐渐下降。当室外空气温度在-7℃以下时,甚至比电加热的费用还要高,所以这种热泵不适合在北方采暖中使用。

(2)土壤源热泵

土壤源热泵是从土壤中提取能量的热泵设备。通常在地下进行垂直或水平方向埋管,通过管中载热介质(水或乙二醇溶液),从地下收集热量,再通过热泵系统把热量带到室内;夏季制冷时,系统逆向运行,通过热泵系统把室内热量运送到地下土壤中,实现室内空气与土壤间的热量转移。

优点:由于地表一定深度以下全年土壤温度稳定且约等于年平均温度,可以分别在夏、冬两季提供相对较低的冷凝温度和较高的蒸发温度,因而可以取得比空气源热泵更好的节能效果,同时避免了空气源热泵用于低温条件时效率低下的问题。其次,由于不直接抽取地下水,可以有效避免对地下水资源的破坏。土壤源热泵保持了地下水源热泵利用大地作为冷热源的优点,同时又不需要抽取地下水作为传热的介质,是一种合理开发利用地热资源的冷热源方式,在目前和将来都是极具前途的节能装置和系统,是一种可持续发展的建筑节能新技术。

缺点:由于地下埋管内流体与土壤的热交换速率低,需要大量的管材和面积才能满足热泵应用的要求,使得初投资成本较高。若采暖面积超过 5 000 m² 的工程,埋管的难度就很大了,所以这种系统一般应用于面积比较小的单体建筑,在大型工程中因占地面积大、成本高而应用相对困难。

(3)水源热泵是一种以地下(表)水作为热源的热泵机组

冬季一般水体温度为 12~22 ℃,比环境空气的温度高,所以热泵循环的蒸发温度提高,能效比也提高:夏季一般水体温度为 18～35 ℃,水体温度比环境空气温度低,所以冷凝温度降低,冷却效果好于风冷式和冷却塔式,机组效率提高。据有关机构估计,设计安装良好的水源热泵,平均可以节约用户 30％～40％ 的供热空调运行费用。

第二节　管网保温技术

供暖管网在热量从热源输送到各热用户的过程中,由于管道内热媒的温度高于环境温度,热量将不断地散失到周围环境中,从而形成供暖管网的散热损失。管道保温的主要目的是要减少热媒在输送过程中的热损失,起到节约燃料,保证供暖温度的作用。热网运行经验表明,管道保温后,可以比不保温时减少 90％ 左右的热损失。由此可见,保温节能的效果是非常显著的。

一、保温结构与保温材料

(一)保温结构

管道保温结构由防腐层、保温层和保护层组成。介质的内腐蚀和大气、土壤的外腐蚀,影响管道系统的正常运行和使用寿命。近年来有在钢管内外镀膜或涂搪瓷来提高钢管防腐蚀能力的,但造价甚高,大面积推广困难。减轻钢管内腐蚀的主要途径是采用有效的水处理方法、建立健全严格的水处理制度。管道、设备金属表面刷涂料防外腐蚀,对钢板风管内表面也可以采用涂料防腐。防止风管内腐蚀的涂料除应具有良好的耐腐蚀能力之外,还应有良好的附着力、耐温性能和机械性能。防管道外腐蚀的涂料除满足上述要求之外,还应有防水、防潮、不易老化、在常温下易固化等性能,热水管道常用的防腐涂料有耐热防锈漆、树脂漆等;钢板风道常用的防腐涂料有耐酸漆、磁漆、调和漆、沥青漆、环氧树脂等。

保护层的作用是防止保温层受到机械碰撞时破损,防止水分侵入保温层降低其性能以及美化保温管的外观。保温层通常采用金属或毡布类材料。金属保护层可采用镀锌钢板、普通薄钢板及铝合金板等材料。金属保护层结构简单、外形美观、使用寿命长,但造价高、易腐蚀,多用于地上敷设管道。毡布类保护层采用有良好防水性能和易于施工的材料,如玻璃丝布、玻璃钢、沥青油毡等,可用于室内管道,但不甚美观,目前大量用于管沟、管井内的管道。

(二)保温材料

满足上述要求的保温材料种类繁多,目前常用的有膨胀珍珠岩、膨胀蛭石、岩棉、矿渣棉、玻璃棉、微孔硅酸钙、泡沫混凝土、聚氨酯等,它们有的可制成板材和管壳,有的可制成卷毡。所采用的施工安装方法因保温材料性能的差异而不同,可分别采用抹涂法、缠绕法、填充法、绑扎法、喷涂法等进行施工。近年来,生产的预制保温管(例如:聚乙烯外壳、聚氨酯泡沫塑料预制直埋保温管)保温性能较好,可加快施工进度,是一个有前景的发展方向。此外,还研发了一些性能优良的新型保温材料,如:可用于设备、管道保温的有光滑防潮贴面(增强铝箔 FSK)和无贴面的玻璃纤维保温套管、管壳、隔热板等;离心玻璃棉制成的各种板材、卷毡等。新型保温材料技术的发展为确定管道的保温方案提供了更多的途径。

二、保温层厚度的确定

供暖管道保温厚度应按《设备及管道绝热设计导则》中的计算公式确定。该标准明确规定:"为减少保温结构散热损失,保温材料厚度应按经济厚度的方法计算。"经济厚度,是指在考虑管道保温结构的基建投资和管道散热损失的年运行费用这两个因素后,折算得的在一定年限内其费用为最小值时的保温厚度。年总费用是保温结构年总投资与保温年运行费之和。保温层厚度增加时,年热损失费用减少,但保温结构的总投资分摊到每年的费用则相应地增加;反之,保温层减薄,年热损失费用增大,保温结构总投资分摊费用减少。年总费用最小时所对应的最佳保温厚度即为经济厚度。

三、管道保温施工方法

管道系统的工作环境复杂多样,有空中、地下、干燥、潮湿等,管道系统保温工程的施工方法,应根据施工现场的环境、保温材料的种类以及管道保温的相关要求确定。选择合理的施工方法,能够起到控制施工成本、保证输送效率的作用。下面介绍管道保温工程中几种常用的施工方法。

(一)抹涂法

采用不定型保温材料(如膨胀珍珠岩、膨胀蛭石、石棉白云石粉、石棉纤维、硅藻土熟料等),加入黏结剂(如水泥、水玻璃、耐火黏土等)和促凝剂(氟硅酸钠或霞石安基比林),选定一种配料比例,加水混拌均匀,成为塑性泥团,徒手或用工具涂抹到保温管道表面的施工方法,称为抹涂法。

抹涂法适用于中小直径的管道,施工前先把保温材料搅拌均匀,不得含有块粒。为了增加管道表面与保温材料的黏结力,通常先在管道表面涂抹 2～5 mm 厚的保温材料作底层,待第一层干燥后再涂抹第二层(厚度 10～15 mm),以后每层厚度为 15～25 mm,直至涂抹到设计要求的厚度。最后一层表面应抹光,无裂缝,然后根据设计要求施工保护层。胶泥保温施工时,要求周围空气温度不低于 0 ℃,否则应在暖棚中进行。有时为了加速保温材料干燥,可在管内通入热介质。

抹涂法保温是一种传统的保温结构施工方法,它便于接岔施工和填灌孔洞,不需支模,整体性好,故至今仍然在使用。抹涂法保温不适用于露天或潮湿地点。

(二)缠绕法

小管径管道和热工仪表管道可以按照介质温度和使用工况分别采用石棉绳、石棉布或铝箔进行多层缠绕法保温。包缠时每圈要彼此靠紧,以防松动。第二层包缠要仔细压缝,保持外形齐整。绳的两端头用镀锌铁丝牢扎在管道上。有些较大直径的管道,也可采用矿质纤维制成的各种软质保温毡和缝合毡进行包缠保温,可防止保温结构因施工和运行的原因而松动沉聚变形。软质保温毡施工前应按照管道或容器的圆周长进行切割,并修整厚度,用镀锌铁丝或镀锌铁皮箍将毡块捆扎在管道或容器上,不能将铁丝成螺旋形连续缠绕。保温层外表面应采用金属保护外壳。

(三)绑扎法

绑扎法保温是一种广泛采用的管道保温方法。这种管道保温的做法是将多孔材料或矿纤材料等制成的保温板、管壳、管筒或弧形块直接包覆在管道上。多孔材料制品应打灰浆敷设,但也可用矿质纤维填塞制品对缝的缺口和缝隙。矿纤材料制品则采用干缝对严表示干保温。绑扎法需按管径大小,分别用 Φ1.2～2 mm 的镀锌铁丝固定。对于硬质制品厚度 100 mm 以上的保温材料,应采用分层保温。分层施工时,第一层表面不平整时,应用保温灰浆找平并严缝,方可继续下一层。法兰螺丝连接部位应单独进行保温。对于圆形设备容器及管道的法兰连接部位应留出检修时卸出螺丝的余地,而不致损坏邻近的保温结构。

（四）填充法

填充法是直接将松散的矿纤材料或多孔颗粒材料填充在管子四周特制的铅丝网套（或铁皮壳）中，并达到一定的密实程度（通常矿纤材料填充后的装填容重可达到生产容重的 1.3～2 倍，颗粒材料填充后的装填容重可达到生产容重的 1.2～1.4 倍）的管道保温方法。填充法保温在应用普遍性上是仅次于绑扎法保温的施工方法。它的应用范围如下。

➤➤ 1. 沟道内直接填充

干燥土壤地区中低温热网管道采用沥青拌和或憎水剂浸渍烘干的颗粒材料（硅藻土熟料、膨胀蛭石等）或用浮石、陶粒等填充于敷设管道的沟道内。不得采用对金属有腐蚀性的炉渣进行填充。

➤➤ 2. 穿墙管的密封和隔热

由于考虑加热面的热胀冷缩，不宜使用刚性块体材料，可在耐火层上填充硅酸铝耐火纤维或无碱超细玻璃棉，也可稍加黏结剂拌和后进行填充。有些穿墙管部位焊装有金属保温罩，则便于干料填充。此外，还有一种耐热陶料填充于管束的空隙间，由于它具有良好的弹性，可以起到密封与隔热的双重作用。

➤➤ 3. 管道填充保温结构

在较大直径管道上用 M6×40 带冒螺丝固定两半圆的抱箍（30×3 扁钢），抱箍与管壁间要垫以石棉纸板或石棉布，抱箍间距约为 500 mm。抱箍上焊装金属支撑环（30×3 扁钢），支撑环高度应符合保温主层的设计厚度，再将镀锌平织网（20×20×1）包覆在支撑环外，并用 4＞1 镀锌铁丝将平织网环形对缝连接起来，而后往里面填充矿质纤维，使其密度均匀并达到设计规定的装填容重，同时连接铁丝网的轴向对缝，铁丝网外面按两支撑环的中间位置用令 1.4～1.6 铁丝或打包铁皮捆扎平整。最外层用金属保护壳。

四、管网保温效率分析

供暖管网保温效率是输送过程中保温程度的指标，体现了保温结构和保温材料的效果。在相同保温结构时，供暖管网保温效率还与供暖管网的敷设方式有关。架空敷设方式由于管道直接暴露在大气中,保温管道的热损失较大,管网保温效率较低。而地下敷设,尤其是直埋敷设方式,保温管道的热损失小,管网保温效率高。

管道经济保温厚度是从控制单位管长热损失角度而制定的,但在供热量一定的前提,随着管道长度增加,管网总热损失也将增加。从合理利用能源和保证距热源最远点的供暖质量考虑除了应控制单位管长的热损失之外,还应控制管网输送时的总热损失,使输送效率达到规定的水平。

第三节 采暖系统节能设计

采暖系统的节能应从选择合理的热源形式和供暖方式、运用有利于热计量和控制室温的系统形式、采用高效节能的散热设备等几个方面采取措施,这样即使进入建筑物的热量合理有效利用,既节省热量又提高室内供暖质量。

一、一般规定

(一)热源

热源形式的选择会受到能源、环境、工程状况、使用时间及要求等多种因素影响和制约。居住建筑的采暖热源应以热电厂和区域锅炉房为主要热源,锅炉供暖规划应与城市建设的总体规划同步进行,通过分区合理规划,逐步实现联片供暖,减少分散的小型供暖锅炉房,并且为居住建筑将来和城市供热管网相连接创造条件。在确定居住建筑集中供暖的热源形式时,应符合以下原则。

第一,以热电厂和区域锅炉房为主要热源,在城市集中供热范围内应优先采用城市热网提供的热源。

第二,有条件时,宜采用冷、热、电联供系统。

第三,集中锅炉房的供热规模应根据燃料确定,采用燃气时供热规模不宜过大。

第四,在工厂区附近时,应优先利用工业余热和废热。

第五,有条件时应积极利用可再生能源,如太阳能、地热能等。

公共建筑的空气调节与采暖系统的热源宜采用集中设置的热水机组或供热、换热设备。机组和设备的选择应根据建筑规模、使用特征,并结合当地能源结构及其价格政策、环保规定等,按以下原则通过综合论证确定。

第一,具有城市、区域供热或工业余热时,应考虑作为采暖或空气调节的热源。

第二,在有热电厂的地区,应考虑推广利用电厂余热的供热技术。

第三,在有充足天然气供应的地区,应考虑推广应用分布式冷热电联供和燃气空调技术,实现电力和天然气的削峰填谷,提高能源的综合利用率。

第四,具有多种能源(热、电、燃气等)的地区,应考虑采用复合式能源供热。

第五,有天然水资源或地热源可利用时,应考虑采用水(地)源热泵供热。

(二)集中采暖的居住建筑应按热水连续采暖进行设计

连续采暖,即当室外达到设计温度时,为使室内达到日平均设计温度,要求锅炉按照设计的供回水温度 95 ℃/70 ℃,昼夜连续运行。当室外温度高于采暖设计温度时,可以采用质调节或量调节以及间歇调节等运行方式,减少供热量。连续采暖能够提供一个较好的供热保障。同时,在采用了相关控制措施(如散热器恒温阀、热力入口控制、热源气候补偿控制等)的条件下,连续采暖可以使得供暖系统的热源参数、热媒流量等实现按需供应和分配,不需要采用采暖负荷间歇性附加,降低了热源的装机容量,提高了热源效率,减少了能源的浪费。

在设计条件下,连续采暖的热负荷,每小时都是均匀的,按连续供暖设计的室内供暖系统,其散热器的散热面积不考虑间歇因素的影响,管道流量相应减少,因而节约初投资和运行费。为了进一步节能,夜间允许室内温度适当下降。需要指出,间歇调节运行与间歇采暖的概念不同。间歇调节运行只是在供暖过程中减少系统供热量的一种方法,而间歇采暖是指在室外温度达到采暖设计温度时,也采用缩短供暖时间的方法。对于一些公共建筑,如办公楼、教学楼、礼堂、影剧院等,要求在使用时间内保持室内设计温度,而在非使用时间内允许室温自然下降。对于这类建筑物,采用间歇供暖不仅是经济的,而且也是恰当的。

(三)采暖系统的水力平衡

采暖系统的供热管网应进行严格的水力平衡计算,应使各并联环路之间的压力损失差值不大于 15%。水力不平衡是造成采暖系统能源浪费的主要原因之一,同时,水力平衡又是保证其他节能措施能够可靠实施的前提,因此对系统节能而言,首先应该做到水力平衡,而且必须强制要求系统达到水力平衡。

尽管在设计时进行了必要的水力平衡计算,但是如果缺乏定量调节流量的手段,系统仍然会出现水力失调现象,导致室温冷热不均,近端过热,末端过冷,这种现象在一些小区热网中比较普遍。有些设计人员常选用大容量锅炉和水泵来缓解这一矛盾,但收效甚微,使系统长期在"大流量、小温差"条件下运行,反而造成能源浪费。

为避免设计不当造成水力不平衡,采暖系统均应设置静态水力平衡阀,否则出现不平衡问题时将无法调节。静态水力平衡应在每个入口设置。

(四)采暖系统的温度调节和控制

要实现采暖建筑室内温度的调节和控制,必须在末端散热设备前设置调节和控制的装置。这是室内环境的要求,也是采暖系统节能的必要措施。室内采暖系统宜采用双管系统,该系统可以设置室温调控装置。如采用顺流式垂直单管系统,应设置跨越管,采用顺流式水平单管系统,也可通过装置分配阀,以便设置室温调控装置。

室内采用散热器供暖时,每组散热器的进水支管上必须安装恒温控制阀(又称温控阀、恒温阀)。它是一种自力式调节控制阀。用户可根据要求,调节并设定室温,避免了立管水量不平衡以及单管系统上层及下层不匀的问题。

二、采暖方式选择

(一)集中供热为主导

我国民用建筑供热采暖系统多采用以热电联产或锅炉房为热源的集中采暖系统。集中采暖是指由集中热源的热水通过管网给采暖系统提供热量,这种采暖方式不仅能提供稳定、可靠的高位热源,而且能节约能源,减少污染,具有显著的经济和社会效益,是我国目前提倡使用的采暖方式。

近年来,由于能源构成情况的变化,同时为了适应分户热计量的要求,民用建筑采暖方式呈现多元化发展的趋势,有些民用建筑开始采用燃气、轻质油或直接用电的单户独立的分散式采暖系统。这些系统由于规模小、调节灵活,发展较快,特别是在小型别墅系统中应用较多。尽管如此,从能源效率、环境保护、消防安全等多方面考虑,城市热网、区域热网或较大规模的集中锅炉房为热源的集中采暖系统仍然是城市民用建筑采暖方式的主体。

城镇采暖系统在坚持以集中采暖为主导的同时,也可以根据当地的能源构成、环保要求以及经济发展状况,经过经济、社会及环境效益分析,从全局出发,合理地选择其他采暖方式。利用电、燃气等价格较高的能源进行采暖仅是一种辅助的采暖方式。

(二)采暖热媒及方式

集中采暖系统应采用热水作为热媒,实践证明,这样不仅能提高采暖质量,而且更便于节能调节。在公共建筑内的高大空间,提倡采用低温热水地板辐射的采暖方式。公共建筑内的大堂、候机厅、展厅等处的采暖,如果采用常规的对流采暖方式,室内沿高度方向会形成很大的温度梯度,不但建筑热损耗增大,而且人员活动区的温度往往偏低,很难保持设计温度。采用低温热水地板辐射采暖时,室内高度方向的温度梯度较小,同时由于这种采暖方式符合人体生理需求,热舒适度较高。

(三)电采暖

电采暖应该符合《民用建筑供暖通风与空气调节设计规范》中的相关规定。除符合以下条件之一外,不得采用电加热采暖。

①供电政策支持。

②无集中供热或燃气源,且化石燃料的使用受到环保或消防部门严格限制的建筑。

③以供冷为主,供暖负荷小且无法利用热泵提供能源的建筑。

④采用蓄热,电散热器、发热电缆在夜间利用低谷电进行蓄热,且在用电高峰和平缓时间启用的建筑。

⑤由可再生能源发电设备供电,且其发电量能够满足自身电加热量需求的建筑。

三、采暖系统形式

(一)选择采暖系统形式的原则

民用建筑由于计量点及计量方法的不同,对系统形式的要求也不同。在不影响计量的情况下,集中采暖系统管路按南、北向分环供热原则进行布置,并分别设置室温调控装置,调节流经各向的热媒流量和供水温度,不仅具有显著的经济效益,而且还可以有效平衡南、北向房间因太阳辐射导致的温度差异,克服南热北冷的问题。

适合热计量的室内采暖系统形式大致可分为两种:一种是沿用传统的垂直单管式或双管式系统,这种系统在每组散热器上安装热量分配表,在建筑入口处安装总热表,进行热量计量;另一种是适应按户设置热量表形成的单户独立系统的新形式,直接按每户的户用热量表计量。

(二)采用热分配表计量的系统形式

这种系统形式多用于传统的垂直式单管或双管系统的节能改造,热分配表是安装在散热器表面,进行热量测量的仪器,因此对系统形式无特别要求,理论上任何系统形式都可以由该方法进行热量计量,但是传统的垂直式单管系统无法对单组散热器进行控制,因而需要加设跨越管进行改造。

在对既有系统进行改造时,多是将原有的垂直单管系统改为跨越式单管系统,并设置温控阀,在一栋楼或是小区的总入口处设置热量表。

(三)采用热量表的系统形式

热量表是测量采暖系统入口的流量和供、回水温度后进行热量计量的仪表,因此要求采暖系统设计成每一户单独布置成一个环路的形式。对于户内的系统采用何种形式则可由设计人员根据实际情况确定。依据《民用建筑供暖通风与空气调节设计规范》,户内系统可采用单管水平跨越式、双管水平并联式、上供下回式等系统形式,由设在楼梯间的供回水立管连接户内的系统,在每户入口处设热量表。

第四节 水力平衡技术

在采暖系统中,热媒(现多为热水)由闭式管路系统输送到各用户。对于一个设计完善、运行正常的管网系统,各用户应当都能获得相应的设计水量,也就是能满足其热负荷的要求。但由于种种原因,大部分供水环路及热源并联机组都存在水力失调问题,使得流经用户及机组的流量与设计流量要求不符。加上水泵时常选型偏大,水泵运行在不合适的工作点,使得系统长期处于大流量、小温差的运行工况,不仅水泵运行效率和热量输送效率均低,而且各用户室温相差悬殊,近热源处室温偏高,远热源处室温偏低,在这种情况下热源机组达不到其额定功率,造成能耗高、供热品质差的情况。

水力平衡是指系统在实际运行时,所有的热用户都能获得设计水流量。

一、水力失调的主要原因

在热水采暖系统中各热用户的实际流量与设计要求流量之间的不一致性称为该用户的水力失调。在进行采暖管网系统设计时,首先根据局部热负荷确定每一个末端装置的水流量,然后设计水路系统累积流量,确定支管、立管和干管的尺寸,同时进行管网环路平衡计算,最后确定总流量与总阻力损失,并由此来选择循环水泵的型号。在进行管网并联环路平衡计算时,允许差额应满足国家现行规范要求。

尽管对采暖系统的设计比较完善,但在实际运行的过程中,各环路末端装置中的水流量并不按设计要求输送分配,往往系统中总水量远大于设计流量。出现这类问题的主要原因有以下两个方面。

第一,环路中缺乏消除剩余压头的定量调节装置。目前环路中所用的截止阀和闸阀既无调节功能,又无定量显示,而节流孔板往往难以计算精确。

第二,水泵实际运行点偏离设计运行点。在进行设计时,水泵型号按流量和扬程两个参数选择,流量为系统的总流量,扬程则为最不利环路损失加上一定的安全系数。由于实际阻力往往低于设计阻力,水泵工作点处于水泵特性曲线的右下侧,这样使实际水量偏大。

在建筑室内一侧,由于散热器的散热量主要取决于空气侧,所以散热器的散热量并不是与通过散热器的水量成正比。试验证明,即使一个水系统总水量为设计水量的1倍时,在最不利的环路上才可能达到设计水量,但此时在最有利环路上却达到300%的流量,这样最不利环路处室温可以改善,但有利环路处的室温却偏高很多。

实践表明,增大总水量,会导致锅炉出水的温度达不到设计要求,即使能使最不利环路保持设计水量,也会由于水温低而使室温达不到设计值,同时还会使水泵电耗大幅度增加。

二、管网水力平衡技术

水力平衡调试通常采用平衡阀及其平衡调试时使用的专用智能仪表。平衡阀是一种定量化的可调节流通能力的孔板。专用智能仪表不仅用于显示流量,更重要的是配合调试方法,原则上只需对每一环路上的平衡阀做一次性调整,即可使全系统达到水力平衡。这种技术尤其适用于逐年扩建热网的系统平衡,因为只要在每年管网运行前对全部或部分平衡阀重做一次调整,即可使管网系统重新实现水力平衡。

(一)平衡阀的特性

平衡阀属于调节阀,它的工作原理是通过改变阀芯与阀座的间隙(即开度)改变流经阀门的流动阻力以达到调节流量的目的。从流体力学观点看,平衡阀相当于一个局部阻力可以改变的节流元件,平衡阀以改变阀芯的行程改变阀门的阻力系数,而流量因平衡阀阻力系数的变化而变化,从而达到调节流量的目的。

平衡阀与普通阀门不同之处在于有开度指示、开度锁定装置及阀体上设有两个测压小孔。在管网平衡调试时,用软管将被调试的平衡阀测压小孔与专用智能仪表连接,仪表能显示出流经阀门的流量及压降,经仪表的人机对话向仪表输入该平衡阀处要求的流量值后,仪表经计算分析,可显示出管路系统达到水力平衡时该阀门的开度值。

(二)平衡阀安装位置

管网系统中所有需要保证设计流量的环路都应安装平衡阀,每一环路只需设一个平衡阀,并可代替环路中一个截止阀(或闸阀)。

为保证建筑物内水流量平衡,对于要求较高的供暖管网系统,需要保证所有的立管(甚至支管)达到设计流量,这时在总管、干管、立管及支管上都要安装平衡阀。

(三)平衡阀选型原则

为了合理地选择平衡阀的型号,在系统设计时要进行管网水力计算及环路平衡计算,按管径选取平衡阀的口径(型号)。平衡阀选型首先是流量特性的选择,在供暖系统中,平衡阀一般装在干线的分支点处、用户的热入口处以及热源的分集水器处。当热负荷变化时,常常需要依靠平衡阀的调节改变流量,配合供水温度的变化,使散热器的散热量适应热负荷的要求。平衡阀的选型原则如下:

第一,平衡阀的阻力应为系统总阻力的 10%～30%,平衡阀应参照水压图选择。

第二,对于同口径的平衡阀,应该优先选用阻力较大的。

第三,为了增加平衡阀阻力占系统总阻力的百分比,可适当选择口径比管道直径小的平衡阀。

(四)平衡阀使用注意事项

①平衡阀可安装于回水管上,也能安装于供水管上。一次环路中,为了使平衡调试较为安全,可将平衡阀安装在回水管路。至于总管上的平衡阀,宜安装于供水总管水泵的后面。

②由于平衡阀具有流量计功能,为使流经阀门前后的水流稳定,保证测量精度,应尽可能安装在直管段处。

③平衡阀具有较好的调节功能,其阻力系数要比一般截止阀高一些。当应用有平衡阀的新系统连接于原有供暖管网时,必须注意新系统与旧系统水量分配平衡问题,以免装配有平衡阀系统的水力阻力比旧系统大而得不到应有的水量。

④管网系统安装完毕,并具备测试条件后,应该使用专用智能仪表对全部平衡阀进行调试整定,并将各阀开度加以锁定,使管网实现水力平衡,达到良好的供暖品质和节能效果。在管网系统正常运行过程中,不要随意变动平衡阀的开度,特别不要变动定位锁紧装置在维修某一环路时,可将该环路平衡阀关闭,修复后再回到原来定位的位置。

⑤在管网系统中增设(或取消)其他环路时,除应增加(或关闭)相应的平衡阀之外,原则上所有新设的平衡阀及原系统中环路平衡阀均应重新调试整定(原环路中支管平衡阀不必重新调整),才能获得最佳供热及节能效果。

第五节　控温和热计量

采暖系统主要是通过提高运行效率达到节能目标,从整个系统构成来看,可分成热源、管网及用户三部分。在热源及管网部分,近年来我国许多部门已做了大量工作,在实现节能目标上获得了显著的成绩。但目前还少有用户自行调节室温的手段,楼内室温不能保持在用户要求的室温范围内,特别是在冬天晴天、入冬和冬末相对暖和的天气条件下,从用户到采暖管网都难以实现即时调节用热量,并将信息回馈到热源。当室温很高时,有些用户只能用开启门窗来达到降低室内温度的目的,从而造成能源的极大浪费。另外,采暖用热量按面积收费、不能激发居民的自觉节能意识,节能对住户没有经济效益也是造成能源浪费的一大因素。所以,要从根本上达到供热采暖系统的节能,必须实行控温和热计量措施。

一、控温

控制室内温度是比行为节能更加有效的节能措施,并且可以提高室内热舒适性,因此在采暖系统中十分重要。室温调控是热计量的重要前提条件,也是体现热计量节能效果的基本手段。进行室温调控时需要用到温控设备,常用的温控设备主要有散热器温控阀和手动三通阀两种。

(一)散热器温控阀

目前在采暖系统中,散热器温控阀是用户热计量常用的温控装置,它是一种自动控温阀,由恒温控制器、流量调节阀以及一对连接件组成。散热器温控阀应安装在每组散热器的进水管上或分户系统的入口进水管上。内置式传感器不主张垂直安装,因为阀体和表面管道的热效应可能导致恒温控制器的错误动作。另外,为确保传感器能感应到室内空气的温度,传感器不得被窗帘盒、暖气罩等覆盖。

▶▶ 1. 恒温控制器

恒温控制器的核心部件是传感器单元,即温包。根据温包位置不同,恒温控制器有温包内置和温包外置(远程式)两种形式,温度设定装置也有内置式和远程式两种形式,可以按照其窗口显示值来设置所要求的控制温度,并加以自动控制。温包内充有感温介质,能够感应环境温度。当室温升高时,感温介质吸热膨胀,关小阀门开度,减少流入散热器的水量,降低散热量以控制室温。当室温降低时,感温介质放热收缩,阀芯被弹簧推回而使阀门开度变大,增加流经散热器的水量,恢复室温。温控阀设定温度可以人为调节,温控阀会按设定要求自动控制和调节进入散热器的热水流量。

▶▶ 2. 流量调节阀

流量调节阀阀杆采用密封式活塞形式,在恒温控制器的作用下直线运动,带动阀芯运动以改变阀门开度。流量调节阀应具有良好的调节性能和密封性能,长期使用可靠性高。流量调节阀按照连接方式分为两通型（直通型、角型）和三通型。

（二）手动三通调节阀

手动三通调节阀在采暖系统中使用也可达到控温的作用，而且价格低廉，但控温效果不如温控阀。三通调节阀结构上具备水流直通、旁通、部分旁通的特性。直通（阀全开状态）即流量全部进入散热器时，阀的局部阻力系数最小，可减少堵塞。旁通（阀全闭的状态）即流量不进入散热器而从跨越管段旁流时，阀的局部阻力系数大于直流时的局部阻力系数。部分旁通（阀中间状态）时，阀的局部阻力系数值介于上述两者之间。

在散热器上设置三通调节阀后，可以使进入散热器的流量在额定流量的100%（阀全开的状态）至0%（阀全闭的状态）范围进行手动调节，相应使旁通流量从0%至100%范围变化。个别房间散热器的流量调节，不会对其他楼层散热器工况产生影响，因此是一种相对合理的解决垂直失调和分室控制温度的方法。

二、热计量

集中采暖系统实行热计量是建筑节能、提高采暖品质的一项重要措施。国家行业标准《供热计量技术规程》做了以下规定："集中供热的新建建筑和既有建筑的节能改造必须安装热量计量装置。"

（一）热计量方式

采暖系统计量方式主要有两类：一类针对单户建筑，直接由每户小量程的户用热表读数计量；另一类针对公寓式建筑，普遍采用建筑入口设置大量程的总热表，每户的每个散热器上安装一个热量分配表，以分配表的读数为依据，计算出每户所占比例，分摊总热表耗热量到各个用户。

针对我国建筑形式和供热特点，对室内采暖的分户热量分摊可通过下列途径来实现。

>> 1.通过测量入户系统的供回水温度及流量的方法来测量用户的用热量

该方法需对入户系统的流量及供回水温度进行测量。采用的仪表为热量表，由热水流量计、温度传感器和积算仪组成。热量表安装在每户的入口处，温度传感器分别装在供回水管路上测量逐时供回水温度,热水流量计测量逐时的流量,然后将这些数据输入积算仪积分计算得出用户所用的热量。

热量表的优点是它安装在用户入口处,可以放在专门的地方由物业统一管理,不会受人为影响,读数方便,计算简单,测量比较精确。热量表的缺点是安装复杂,其中热水流量计的精度会受到水质的影响,水质不好会使测量精度降低。为保证测量的精确,应定期进行精度检测和维护。另外,热量表要求系统每户是独立成环的,因此价格较高。

2. 测定用户散热设备的散热量来确定用户的用热量

该方法是利用散热器平均温度与室内5℃差值的函数关系来确定散热器的散热量。采用的仪表为热量分配表,它并不能测量出每个散热器具体的散热量,只能测量出散热器散热量与其他散热器散热量的相对比值,因此它要和热量表配合使用。使用方法是:在集中采暖系统中每个测量单元的总入口处安装热量表,测量总的耗热量;在每个散热器上安装热量分配表,测量计算每个住户用热比例,然后根据热量表读数来计算每个散热器的散热量。

3. 通过测定用户的热负荷确定用户的用热量

该方法是测定室内外温度,并对采暖季的室内外温差累计求和,然后乘以房间常数(如体积热指标等)来确定收费。该方法的特点是:安装容易,价格较低。但由于遵循相同舒适度缴纳相同热费的原则,用户的热费只与设定的或测得的室温有关,而与实际用热量无关,因此开窗等浪费能源的现象无法约束,不利于节能。

4. 根据用户房间的面积来确定用户的用热量

该方法是在不具备以上条件时,根据楼前热量表计量得出的采暖量,结合各户面积进行热量(费)分摊。

这种方法的前提是该栋楼前必须安装热量表,是一栋楼内的热量分摊方式。资金紧张的既有建筑改造时,也可以应用这种方法。

(二)热计量方式的选择

实现采暖计量的目的,一是收费,二是节能,根本目的是通过收费来实现节能。因此,确定热量计量方式最重要的原则是"保证为采暖计量而额外增加的费用不应超过实行计量采暖所节省下来的费用"。热计量方式一般根据以下几个条件确定。

①采暖系统形式的限制。如既有建筑垂直式的采暖系统只能采用热量分配表方式。

②计量装置的精确度。对具体的采暖系统,从技术和经济方面考虑,并不需要过高的精确度,而是在一定精度要求下满足足够稳定和持续可靠的运行特性。

③读取测量数据时对用户的影响。

④每年系统计量与结算所花的费用。

⑤用户对所采用的计量系统的认可程度。

第六节　低温热水地板辐射采暖系统

低温热水地板辐射采暖是指将加热管埋设在地板构造层内,以不高于 60℃ 的热水为热媒流过加热管,通过地面以辐射换热和对流换热方式向室内供给热量的采暖方式。近几年低温热水地板辐射采暖技术快速发展,也是目前较为先进的建筑采暖节能技术。该系统不仅能够满足分户计量的要求,而且干净卫生,其节能效果十分显著,尤其适合于民用建筑与公共建筑中安装散热器会影响建筑物协调和美观的场合。

一、概况

20 世纪 70 年代中后期,随着围护结构保温程度的不断改善,加之工程塑料水管的应用,大大加快了地板供暖的发展和应用步伐。在我国 20 世纪 50 年代已有工程应用,但当时由于材料限制,采暖埋管只能选用钢管或铜管。金属管成本高,接口多,工艺复杂,加之易渗漏和产生电化学腐蚀,可靠性差,寿命短,又由于金属的膨胀系数大,易引起地面龟裂,大大影响了地板采暖的推广,直至高分子塑料管材的出现,这一情况才得到根本改变。

目前,该技术在我国北方广大地区推广很快。低温热水地板辐射采暖之所以能蓬勃发展,除了目前客观条件有利外,还与这种采暖方式本身的特点有关。相比其他采暖方式,低温热水地板辐射采暖除了具有节能的独特优势之外,还有以下优点。

①对流采暖系统中,人体的冷热感觉主要取决于室内空气温度的高低。而辐射采暖时,由于人受到辐射照度和室内空气温度的综合作用,人体感受的实感温

度比室内空气温度高 2～3 ℃,即在相同舒适感的前提下,辐射采暖的室内空气温度可比对流采暖时低 2～3 ℃,室温降低可以减少能源消耗。

②从人体舒适感方面看,在保持人体散热总量不变的情况下,适当地减少人体的辐射散热量,增加一些对流散热量,人会感到更舒适。辐射采暖是人体直接接受辐射热,减少了人体向外界的辐射散热量,并且室温由下而上逐渐降低,给人以脚暖头凉的良好感觉,改善血液循环,促进新陈代谢,因此辐射采暖时具有极佳的舒适感。

③辐射采暖时沿房间高度方向上温度分布均匀,温度梯度小,房间的无效热损失减小了。热媒传送温度低,传送时无效热损失小。辐射采暖方式较对流采暖方式热效率要高。

④辐射采暖系统由于地面层及混凝土层蓄热量大,间歇采暖时室温波动小,热稳定性好。

⑤地板辐射采暖系统便于分户热计量和控制。供回水系统多为双管系统,可在每户的分水器前安装热量表进行分户热计量,还可通过调节分集水器上的环路控制阀门,调节室温。用户还可采用自动温控装置。

⑥辐射采暖不需要在室内布置散热器,少占室内的有效空间,也便于布置家具。

⑦辐射采暖减少了对流散热量,室内空气的流动速度也降低了,避免了室内尘土的飞扬,有利于改善卫生条件。

二、系统构造与形式

一个完整的低温热水地板辐射采暖系统包括热源、供暖管路、分水器、集水器、水泵、补水/定压装置及阀门、温度计、压力表等。任何一种安装在地面的辐射采暖系统通常要包括发热体、保温(防潮)层、填料层等。地板采暖目前常用的发热体是水管,在水管中通入 30～60 ℃ 的热水,依靠热水的热量向室内供暖。为了使热量向上传递,一般在水管底部铺设保温(防潮)层。特别在建筑物的底层,向下的热量是纯粹的热损失,所以应尽可能地减少。在楼层地面,有些学者提出可以不设绝热层,因为向下的热量对下层的房间有供暖作用。在辐射传热占主要份额的情况下,这种主张是有理论根据的。不设绝热层时,又可以减少建筑层高,降低地暖成本,减少施工工序。不设保温层时,在施工工艺方面甚至可以有大的改变,即将水管现浇在水泥砂浆中。不过这样做时,会造成通过楼板和墙体向外的热损失(管下设保温层时,施工中可以在垫层四周敷设保温层,隔绝经墙体向室外的热传导）。

低温热水地板辐射采暖系统在地面或楼板内埋管时，地板结构层厚度应为：公共建筑≥90 mm，住宅≥70 mm（不含地面层及找平层）。必须将盘管完全埋设在混凝土层内，管间距为100～350 mm，盘管上部应保持厚度为40～100 mm的覆盖层，覆盖层不宜过薄，否则人站在上面会有颤感。覆盖层应设伸缩缝，伸缩缝的设置间距与宽度应通过计算确定，一般面积超过30 m² 或长度超过6 m时，宜设置间距小于或等于6 m、宽度大于或等于5 mm的伸缩缝，面积较大时，伸缩缝的间距可适当增大，但不宜超过10 m。加热管穿过伸缩缝时，应设长度不小于100 mm的柔性套管。加热管及其覆盖层与地面、楼板结构层间应设绝热层，绝热层一般采用容重大于或等于0.2 kN/m³ 的聚苯乙烯泡沫板，厚度不宜小于25 mm。采暖绝热层敷设在土壤上时，绝热层下面应做防水层，以保证绝热层不致被水分侵蚀。在潮湿房间（如卫生间、厨房等）敷设盘管时，加热盘管覆盖层上应做防水层。

低温热水地板辐射采暖系统常用的加热盘管布置形式有三种，即直列式、旋转式和往复式。直列式最为简单，但其板面温度随着水的流动逐渐降低，首尾部温差较大，板面温度场不均匀。旋转式和往复式虽然铺设复杂，但板面温度场均匀，高、低温管间隔布置，采暖效果较好。应根据房间的具体情况选择适合的布置形式，也可混合使用。为了使每个分支环路的阻力损失易于平衡，较小房间可以几个房间合用一个环路，较大房间可以一个房间布置几个环路，一般应控制每个环路的长度在60～80 m，最长不超过120 m。

低温热水地板辐射采暖系统的供、回水温度应通过计算确定，民用建筑的供水温度不应超过60 ℃，供、回水温差宜小于或等于10 ℃。其原因主要有三条：第一，由于辐射面积较大，水温不用太高即可达到室温设计要求；第二，出于人体舒适性要求，地面温度不能太高；第三，塑料管材在过高的水温下寿命将大大缩短。地面内设置盘管时，当所有的面层施工完毕后，应让其自然干燥，两星期内不得向盘管供热。系统第一次启动时，供水温度不应高于当时的室外气温11 ℃，让热媒循环两天，然后每日升温3 ℃，直至60 ℃为止。

由于采暖系统一般有多个环路，所以要设分水器和集水器，它们是连接热源和分支环路水管的集管。分水器将来自热源的供水按需要分为多路，集水器将多路回水集中，便于输送回热源再加热。为了防止锈蚀，分集水器一般是铜质的。分水器前应设阀门及过滤器，集水器后应设阀门，分集水器上应设放气阀。系统的工作压力不宜大于0.8 MPa，否则要采取相应的措施。

低温热水地板辐射采暖在建筑物美观和舒适感方面都比其他采暖形式优越。

但系统中加热管埋设在建筑结构内部,使建筑结构变得复杂,施工难度增大,维护检修也不方便。地板采暖结构层承受的荷载应小于或等于 2000 kg/m²,若大于 2000 kg/m² 应采取相应措施。地板辐射采暖系统在民用建筑中需占用最小 60 mm 的高度,建筑物层高需要每层增加 60~100 mm。

三、塑料管材及绝热材料的选择

(一)塑料管材

低温热水地板辐射采暖系统中所用管材,应该根据工作温度、工作压力、荷载、设计寿命、现场防水及防火等工程环境的要求,以及施工性能和经济比较后确定。

塑料管材的基本荷载形式是内液压,而它的蠕变特性是与强度(管内壁承受的最大应力,即环应力)、时间(使用寿命)和工作温度密切相关的口在一定的工作温度下,随着强度要求的增大,管材的使用寿命将缩短。在一定强度要求下,随着管材工作温度的升高,其使用寿命也将缩短。所以,在设计低温热水地板辐射采暖系统时,热媒温度和系统工作压力不应定得过高。

所有根据国家现行管材标准生产的合格产品,都可以放心地用作加热管。目前常用的地板供暖管主要有以下几种:交联聚乙烯(PE-X)管、聚丁烯(PB)管、交联铝塑复合(XPAP)管、耐热聚乙烯(PE-RT)管、无规共聚聚丙烯(PP-R)管和嵌段共聚聚丙烯(PP-B)管等。

交联聚乙烯是由聚乙烯(PE)、抗氧化剂、硅烷或过氧化物混合反应而成的聚合物。PE 经交联后,保持了原有的绝大部分特性并进一步提高了硬度、强度、抗蠕变、抗老化等性能,成为地板采暖理想的管材。目前地板采暖使用的 PE-X 管,多是化学方式交联的,其中采用过氧化物交联的,符号为 PE-Xa,采用硅烷交联的,符号为 PE-Xb。

铝塑复合管由内外两层塑料管与中间一层增强铝管组成的复合材料制成。例如由内外两层 PE 材料与中间一层铝材复合制成的铝塑复合管,当其 PE 层经交联时,称为交联铝塑复合管。一般芯层 PE 都是经交联的,外层 PE 可以是交联的,也可以不经交联,都可进行热水输送,但以内外层交联的为优。一般铝塑管材都有氧渗透的问题。铝塑复合管由于中间层铝管的存在,使其防止氧渗透能力要优于其他塑料管材。

聚丁烯管由聚丁烯塑料(PB)单体聚合而成,性能稳定,具有耐寒、耐热、耐压、抗老化等突出优点,是一种理想的地板采暖管材。

无规共聚聚丙烯(PP-R)由聚丙烯(PP)经聚合处理而成,在一定程度上具有RE-X管和PB管的优异性能,也是一种良好的地板采暖管材。

选材时,应结合工程的具体情况确定合适的管材。对许用设计环应力过小的管材,如嵌段共聚聚丙烯(PP-B)管,设计时应正确选择使用。同时随着人们环保意识的增强,在选择管材时,应重视管材是否能回收利用的问题,以防止对环境造成污染。

铜管也是一种适用于低温热水地板辐射采暖系统的加热管材,具有热导率高、阻氧性能好、易于弯曲且符合绿色环保要求等特点,正逐渐为人们所接受。

在集中采暖系统中,有时地暖系统会与使用散热器的采暖系统共用同一集中热源和同一水系统:由于传统采暖系统用的钢制散热器等构件易腐蚀,因而对于水质有软化和除氧要求。而未经特殊处理的PB管、PE-X管和PP-R管都会有氧气渗入,会加快钢制设备器件的氧化腐蚀,此时宜选用铝塑复合管或有阻氧层的PB管、PE-X管和PP-R管。

为了满足强度要求和防止蠕变,不同外径水管的最小壁厚都是经过严格计算后确定的,换言之,水管壁厚不够或不均匀就达不到使用要求,存在质量隐患。由于地板采暖是隐蔽工程,特别是现浇在结构中的,一般要求使用寿命50年以上,不合格的管材禁止使用。

(二)绝热材料

绝热材料应采用热导率小,难燃或不燃,具有足够承载能力的材料,且不宜含有殖菌源,不得有散发异味及可能危害健康的挥发物。

目前在水媒辐射采暖工程中使用最多的是泡沫塑料。泡沫塑料种类繁多,通常以所用树脂命名,几乎每种合成树脂都可以制成相应品质的泡沫塑料。目前建筑上应用较多的有聚苯乙烯泡沫塑料、聚氨酯泡沫塑料、聚氯乙烯泡沫塑料等。其中聚苯乙烯泡沫塑料因其价格相对较低,保温性能好,故被广泛应用。泡沫塑料根据软硬不同,有“硬质发泡体”“软质发泡体”和“半硬质发泡体”三种。发泡倍率在5倍以下的,通常称为低发泡泡沫塑料,5倍以上的为高发泡泡沫塑料。按照泡沫中气孔相互之间是否相通,又可分为开孔发泡塑料和闭孔发泡塑料两种,在暖通空调专业范围内,前者可用作消声吸音材料,后者常用作保温绝热材料。

低温热水地板辐射采暖系统所选用的绝热材料,其技术指标应符合《辐射供暖供冷技术规程》的规定,当采用发泡水泥作保温材料时,保温厚度一般为40～50 mm。发泡水泥热导率约为0.09 W/(m·K),该材料具有承载能力强、施工简便、机械化程度高等特点,适用于大面积地板采暖系统。

第八章　被动式太阳能采暖设计

第一节　被动式太阳能采暖概述

一、被动式太阳能采暖原理

被动式太阳房是最早利用太阳能提供冬季采暖的一种应用方式。它是通过建筑朝向和周围环境的合理布置,内部空间和外部形体的巧妙处理,以及结构构造和建筑材料的恰当选择,使建筑物以自然的方式(经由对流、传导和自然对流),冬季能集取、保持、分布太阳能,从而解决采暖问题;同时夏季能遮蔽太阳辐射,散逸室内热量,从而使建筑物降温。这种让建筑物本身成为一个利用太阳能的系统的建筑即是被动式太阳房。

被动式太阳房是一个集热、蓄热和耗热的综合体。它是根据温室效应来加热房间的。由于玻璃具有透过"短波"(即太阳辐射热)而不透过"长波"红外线的特殊性能,一旦阳光能通过玻璃并被某一空间里的材料所吸收,由这些材料再次辐射而产生的热能,就不会通过玻璃再返回到外面去。这种获取热量的过程,称之温室效应。这就是太阳房的最基本的工作原理。

二、被动式太阳能采暖设计原则

被动式太阳能建筑系统的设计目的是最大限度地利用当地的自然环境的潜能。每个地方的自然环境各有特点,利用自然潜能的方法也各不相同。技术方法之间有矛盾和对立,所以必须对其进行调节。

被动式太阳能采暖的基本设计原则有以下几点。

第一,最大限度地获取热量:有效的太阳能集热,生成热的回收和再利用。

第二,将热损失降到最低程度:将辐射、传导、对流以及换气产生的热损失降到最低程度。

第三,适当地蓄热:蓄热构件,蓄热池。

无论是直接得热式还是间接得热式,被动式太阳能采暖建筑设计均需遵循以下四个原则:第一,建筑外围护结构需要很好的保温;第二,南向设有足够大的集热表面；第三，室内布置尽可能多的储热体；第四，主要采暖房间紧靠集热表面和储热体布置，而将次要的、非采暖房间包围在它们的北面和东西两侧。

三、被动式太阳能采暖的地区适应性

某地方是否可以采用被动太阳能采暖建筑设计，应该用不同的指标进行分类。被动太阳能采暖建筑设计除了考虑一月份水平面和南向垂直墙面太阳辐射以外，还与一年中最冷月的平均温度有直接的关系，当太阳辐射很强时，即使一年中最冷月的平均温度较低，在不采用其他能源采暖，室内最低温度也能达到10℃以上。

由于我国幅员辽阔，各地气候差异很大，为了使被动式太阳能建筑适应各地不同的气候条件，尽可能地节约能源，按照累年一月份平均气温、一月份水平面和南向垂直墙面太阳辐射照度划分出不同的太阳能建筑设计气候区。

被动式太阳能建筑设计气候分区可以为建筑方案设计提供帮助，在分区时采用综合分析的原则，重点考虑气候参数中太阳辐射、温度的直接影响。

第二节　被动式太阳能采暖的基本方式

一、直接受益式

此被动式太阳能采暖方式指阳光直接透过窗户加热房间，而房间本身就是一个能量收集、储存和分配系统。无论从设计和构造来讲，直接受益式都是最简单的被动式太阳能设计，其最大的缺点是会引起室内温度波动和眩光，适宜建造在冬季气候比较温和的地区。

(一)设计要点

直接受益式是被动式太阳能采暖系统中最简单的形式，它升温快、构造简单，不需增设特殊的集热装置，与一般建筑的外形无多大差异，建筑的艺术处理也比较灵活。同时，这种太阳能采暖设施的投资较小，管理也比较方便。因此这种方式是一种最易推广使用的太阳能采暖设施。

直接受益式太阳房的设计关键是使阳光直接照射在尽可能多的房屋面积上，从而均匀加热。可采用的设计方法为：沿东西向建造长而进深小的房屋；将进深

小的房屋垂直加高,以获得更多的南墙;在北向房间设置南向天窗;沿南向山坡建造阶梯状房屋,使每一层房间都能受到阳光直射;在屋顶设置天窗,使阳光能够直接加热内墙。

(二)主要构件的设计

这种太阳房的南向窗是它的设计重点。一般具有较大面积的南向玻璃窗,太阳辐射通过直射、漫射等方式进入室内,照在地面、墙体、天花板和家具表面,加热室内空气,提高室温。直接受益式太阳能建筑窗除具有采光和通风功能外,还是获得太阳能的主要构件,处理好窗的配置、尺寸、构造、隔热、保温和遮阳是设计中的关键问题。在一定条件下,增大南窗的面积可以在日照时获得较多的太阳辐射热。但是由于窗的传热系数大于墙体的传热系数,所以增大南窗面积也意味着向外散失热量的增加,从而导致室温波动很大。

双层玻璃的空气层厚度不要大于 2 cm,厚度要随室外气温的降低而降低,而且要注意窗框、窗扇、窗帘对阳光的遮挡,要选用遮挡少的窗户形式,以免影响集热效率。一般情况下,对于严寒地区,环境温度低,室内外温差大,则必须采用双层玻璃窗。但对于其中太阳能资源不太充足的地区,双层玻璃的总透过率低,其平均窗效率和单层几乎相等,又由于双层玻璃造价高,所以采用单层玻璃夜间加保温比较好。

由于窗的散热量在房屋总散热量中占的比重比较大,对直接受益式的窗户也要进行保温处理。保温帘由于使用方便、造价低、与窗之间密闭比较好,是目前用于太阳房中比较理想的装置。

由于直接受益式太阳能建筑的蓄热材料是与房间结合在一起的,蓄热材料中储存的热量决定着全天室内温度的变化。冬季 65% 的热量是在夜间损失的,35% 的热量是在白天损失的,所以如果在晴天接受足够的太阳辐射使房间采暖24 小时,那么就必须储存 65% 的热量供夜间使用。水泥地面最好是深颜色,砖石墙内表面可以采用任何颜色,因为浅色砖石墙反射的太阳辐射最终会被室内其他表面吸收。

在需要考虑夏季防热的部分寒冷地区,为避免夏季进入过多的太阳辐射,需要在南向窗上设置水平遮阳装置。其挑出的长度,应符合冬季入射光能射入室内,夏季能够挡住全部直射光。此外遮阳办法还有百叶窗帘、挂竹帘、帆布篷等,用时放下,不用时收起。

(三)技术要求

第一,应根据建筑热工要求,确定合理的窗口面积。南向集热窗的窗墙面积比应不小于 50%,并应符合结构抗震设计要求。

第二,南向窗口应兼顾夏季的阳光入射问题,应避免过多的阳光射入室内引起空调负荷的增加。

二、集热蓄热墙式

此被动式太阳能采暖方式是将蓄热墙布置在玻璃面后面,利用蓄热墙的蓄热能力和延迟传热的特性获取太阳辐射热。

蓄热墙通常为深色并涂有吸收涂层,以增强吸热能力。除了传导以外,蓄热墙获得的热量也以对流方式进入室内。为了让热空气升高并传入室内,这就需要在蓄热墙底部和顶部开设风口。室内的冷空气从下部风口进入夹层,被增温后从上部风口传进室内。风口最好有开/关功能,以防止夜晚气流倒转。

蓄热墙也可以设在百叶之后,这样就可以通过调节百叶的开与关来取得更好的蓄热效果。室内温度低时全部打开百叶,如果温度高可以将一部分百叶关上。

(一)设计要点

①综合建筑性质、结构特点与立面处理需要,并保证足够集热面积的前提下,确定其立面组合形式。

②合理选定集热蓄热墙的材料与厚度,并注意选择吸收率高、耐久性强的吸热涂层。

③结合当地气候条件,解决好透光外罩的透光材料、层数与保温装置的组合设计,即外罩边框的构造做法,边框构造应便于外罩的清洗和维修。

④合理确定对流风口的面积、形状与位置,保证气流畅通,为便于日常使用与管理,要考虑风门逆止阀的设置。

⑤选择恰当的空气间层宽度,为加快间层空气升温速度,可设置适当的附加装置。

⑥注意夏季排气口的设置,防止夏季过热。

⑦集热蓄热墙整体与细部的构造设计,应在保证装置严密、操纵灵活和日常管理维修方便的前提下,尽量使构造简单,施工方便,造价经济。

(二)主要构件的设计

在设计时,要合理确定集热墙的材质、面积、厚度、表面吸收率和发射率、循环通气孔的尺寸以及窗玻璃的选择。

集热墙的面积取决于当地的气候条件、纬度、建筑物的保温情况,还和阳光是否被遮挡、房屋夜间是否有保温以及经济造价等因素有关。由于集热蓄热墙表面需要涂黑,遮挡自然光等缺点,所以一般是直接受益式和集热蓄热墙式混合使用,这样不仅减少了集热墙的面积,还同时发挥两者的优点。

集热蓄热墙式分为有通风口和无通风口两种。不设通风口的太阳房,主要靠热传导采暖,热舒适性好,但热效率不如有孔式高。设置通风口可以进行空气对流提高系统性能,一般上下通风口面积,住宅取集热墙面积的 1%。设置上下通风口的太阳房要注意防止夜间气流倒流,一般采用木口,利用塑料薄膜或薄纸,实现自然开启和关闭的功能。

集热蓄热墙式太阳能建筑应注意冬季保温和夏季隔热,可采用保温帘或保温板。冬季,白天打开接受太阳辐射,夜间关闭防止热量散失。夏季,盖上保温板,减少太阳辐射,同时开通集热蓄热玻璃窗上的通气孔排除热量,实现降温目的。

(三)技术要求

①合理选择向南集热蓄热墙的材料、厚度以及吸热涂层。结合气候条件选择透光罩的透光材料、层数与保温装置,边框构造应便于清洗和维修。集热墙面积应根据热工计算决定。

②宜设置有通风口集热蓄热墙。风口的位置应保证气流通畅,并便于日常维修与管理,宜考虑风门逆止阀的设置。

③可利用建筑结构体的抗震部分设置集热蓄热墙以提高太阳能的利用率。

④集热系统的实体墙应具有较大的热容量和导热系数。

⑤应注意夏季集热蓄热墙排汽口的设置,防止夏季过热。

第三节　建筑设计中应用被动式太阳能采暖

一、各种被动式采暖方式的比选与组合

被动式太阳能采暖按照南向集热方式分为直接受益窗、集热（蓄热）墙、附加阳光间、对流环路等基本集热方式，可根据使用情况采用其中任何一种基本方式。但由于每种基本形式各有其不足之处，如直接受益式会产生过热现象，集热蓄热墙式构造复杂，操作稍显烦琐，且与建筑立面设计难于协调。因此在设计中，建议采用两种或三种集热方式相组合的复合式太阳能采暖建筑。

从居住者的生活习性来看，集热方式的选定和使用房间的时间段有着直接的关系，对起居室（堂屋）等主要在白天使用的房间，为保证白天的用热环境，宜选用直接受益窗或附加阳光间。对于以夜间使用为主的房间（卧室等），宜选用具有较大蓄热能力的集热蓄热墙。

二、规划设计

（一）规划原则

以保证太阳能采暖在建筑应用时合理、实用、高效，并使建筑美观耐用。在进行规划设计时应遵循以下设计原则。

▶▶ 1. 最大限度争取冬季日照

从建筑基地选择到建筑群体布局、朝向、日照间距以及地形利用方面都应该遵循冬季最大日照原则，为建筑利用太阳能采暖提供良好条件。

▶▶ 2. 减少夏季热辐射，改善夏季微气候

通过对建筑周边自然环境的改造，结合人工植被，有效改善建筑周边的微气候，加强夏季通风遮阳，避免夏季室内环境过热。

▶▶ 3. 尽量减少建筑的冷热负荷

结合当地气候条件和季风风向，合理进行基地选择和建筑布局，在建筑周边

形成良好的风环境,冬季能为建筑遮挡寒风,夏季又能疏导夏季季风,充分利用自然通风降低建筑内外表面的温度。

(二)场地选址

一个良好的规划,能为建筑自身充分利用太阳能打下坚实的基础,其作用是非常重要的。其设计一般原则是冬季争取最大日照,夏季改善建筑周边的微气候,加强通风和遮阳,减少建筑的冷热负荷。其设计的方法如下。

地形地貌影响建筑对太阳能的接受程度,建筑的基地不宜布置在山谷、洼地、沟底等凹形场地中,应选择在向阳的平地或者坡地上,以争取最大的日照。因为,一方面凹地容易形成霜洞效应,若要保持所需的室内温度,位于该位置的底层建筑所消耗的能源会增加;另一方面,凹地在冬季沉积雨雪,雨雪融化蒸发过程中会吸收大量热量,使周围环境比其他地方温度要低,从而增加建筑能耗。

建筑物南面种植落叶乔木,在夏季可以起到良好的遮蔽作用,但是冬季可能会遮挡太阳光。所以建筑物南面的树木高度要控制在太阳能采集边界以下,这样就可以在不影响冬季太阳能采集的情况下,减弱夏季阳光直射对建筑造成的热作用。

(三)建筑物的布局

在建筑布局设计中,应当结合其他条件,使夏季主导风向朝向主要建筑,增加建筑物的通风,降低建筑的室内温度,控制冬季吹向建筑物的风速,减少冷风渗透。因为冬季风速的增加,会增加窗的冷风渗透,研究表明,当风速减少一半时,建筑由冷风渗透引起的热损失减少到原来的 25%。因此冬季防风很关键。

冬季防风可以采取以下几点措施:在冬季上风处,利用地形和周围建筑物及植物等为建筑物竖起防风屏障,避免冷风直接侵袭。建筑物布局要紧凑,在保证充分日照的条件下,建筑间距控制在 1:2 的范围内,可使后排建筑避开寒风侵袭。

此外,利用建筑的合理布局,形成优化微气候的良好环境,建立气候的防护单元也十分有利于建筑的节能。气候防护单元的建立,应充分结合特定地点的自然环境因素、气候特征、建筑物的功能、人的行为活动特点,也就是建立一个小型组团的自然——人工生态平衡系统。例如:北京地区,可利用单元组团式布局形成气候防护单元,用以形成较为封闭、完整的庭院空间,充分利用和争取日照,避免季风干扰,组织内部气流,组成内部小气候,并且利用建筑外界面的反射辐射,形成对冬季恶劣气候条件的有利防护,改善建筑的日照条件和风环境,以此达到节能的目的。

(四)建筑物的朝向选择

朝向的选择应充分考虑冬季最大限度地接收太阳辐射并注意防止冷风侵袭,夏季要利用自然通风和阴影来降低室内温度。

在地球上看来,太阳的运动路线有两条,一条是每天的从东到西,另一条是每年的从北到南线路,在夏至(6月21号)中午的太阳的位置在全年中是最高的,冬至(12月21日)这天中午太阳的高度是全年最低的。在太阳每年运行轨迹的任一点,太阳的高度角取决于纬度,纬度越高,太阳就显得越低。

太阳房的朝向直接影响着太阳房的性能和维护管理的难易程度。不同季节不同纬度太阳的高度角不同,不同方向的房屋得到太阳辐射量的多少也不一样。

(五)日照间距控制

为了取得良好的日照条件,同时在夏季利用建筑阴影达到遮阳的目的,建筑组团的相对位置要进行合理布局,可以用日照间距来衡量。日照间距是指为保证后排建筑在规定的时间获得所需的日照量,前后两排建筑之间所需要保持的一定的建筑间距。

一定的日照间距是建筑接受太阳辐射的条件,对于农村住宅来说,因为用地相对来说比较宽裕,层数少,建筑高度比较低,在争取最大日照上比较有优势。但建筑的间距过大会造成用地浪费,所以应对其进行合理选取。

日照间距的计算取冬至日为计算日,因为冬至日是全年太阳高度角最低,日出、日落太阳方位角最小的一天,当冬至日满足日照间距要求时,其他日期的日照间距也一定满足。

通常冬季9:00～15:00之间6小时所产生的太阳辐射量占全天辐射总量的90%,若前后各缩短半小时,则降为75%。如果一天的日照时数小于6小时,太阳能的利用会大大下降,因此,设计过程中,尽可能避免遮挡引起的有效日照时数缩短。根据农村地区实际用地情况,太阳能建筑日照间距应保持冬至日中午前后共6小时的日照。

三、建筑平面设计

(一)建筑的体形控制

在城市建设的概念设计阶段就必须注意到一些生态因素,而进入到建筑形体设计的层面,通过建筑外表面积与其所包围的体积之比就可以降低热量需求而节能。我国的规范将这一比例定义为体形系数。同时对严寒和寒冷地区的住宅的体形系数做出了明确的规定:建筑物体形系数宜控制在 0.30 及 0.30 以下;若体形系数大于 0.30,则屋顶和外墙应加强保温。

从上述的定义和规定,可见体形系数是单位建筑体积占用的外表面积,它反映了一栋建筑体形的复杂程度和围护结构散热面积的多少,体形系数越大,则体形越复杂,其围护结构散热面积就越大,建筑物围护结构传热耗热量就越大,因此,建筑体形系数是居住建筑节能设计的一个重要指标。

体形的设计策略应该遵循以下几个规律:首先,在建筑设计中,应当根据实际情况选取最佳的建筑体形;其次,在建筑的总面积和体积一定的情况下,根据体形系数的选择确定最佳的建筑长、宽、高的比例,使其成为户型设计的重要参考;最后,建筑的体形设计中要综合考虑户型使用、建筑形式等其他要求。

(二)空间的合理分区

由于人们对不相同房间的使用要求及在其中的活动状况各异,人们对不同房间室内热环境的需求也各不相同。在设计中,应根据这种对热环境的需求进行合理分区,即将热环境质量要求相近的房间相对集中布置。这样做,既有利于对不同区域分别控制,又可将对热环境质量要求较低的房间集中设于平面中温度相对较低的区域,对热环境质量要求高的设于温度较高区域,从而最大限度地利用太阳辐射,保持室内较高温度,同时减少供热能耗。

热环境质量要求较低的房间,如住宅中的附属用房(厨房、厕所、走道等)布置于冬季温度相对较低的区域内,而将居室和起居室布置在环境质量好的向阳区域,使其具有较高的室内温度,并利用附属用房减少居室等主要房间的散热损失,以最大限度地利用能源,做到"能尽其用",通过室内的温度分区,满足热能的梯级应用,运用建筑设计方法,使住宅空间成为热量流失的阻隔体,达到节能目的。

第九章　节能建筑的日照调节

第一节　天然采光设计

一、设计法规依据及相关要求

《建筑采光设计标准》《建筑照明设计标准》及《民用建筑设计通则》为设计人员明确绿色照明的要求和国家有关照明设计规定提供了指引。《建筑采光设计标准》规定了用采光系数来评价室内天然采光的水平。

对于天然采光在建筑设计中的运用而言，建筑要满足一定的采光系数要求，天然光的照度、窗户尺寸大小、日照小时数等都要符合相关规定。《建筑采光设计标准》规定了各类建筑房间的采光系数最低值。除此之外，还应该满足以下要求。

①居住类建筑的公共空间宜采用自然采光，采光系数不宜低于 0.5%。

②办公、宾馆类建筑 75%以上的主要功能室内采光系数不宜低于《建筑采光设计标准》的规定。

③地下空间宜自然采光，采光系数不宜低于 0.5%。

④利用自然采光时应避免产生眩光。

⑤设置的遮阳措施应首先满足日照和采光标准。

建筑光环境中还应考虑环境中物体的反射光。大多数建筑室内家具的反射比至少应有 20%，但不宜超过 40%（超过此值易产生眩光），它是建筑能更好地自然采光的保障。

《建筑照明设计标准》中规定了工作场所的工作照度标准值，它使物体具有最基本的亮度，以便于人们根据工作需要识别物体尺寸、大小及控制物体与背景亮度的对比。自然采光在建筑设计中运用的目的涉及艺术与人类本能两个方面。判断某建筑自然采光设计的成败与否远远超过了这些设计法规，如何将建筑的自然光线与使用者的生活产生共鸣，提高人们的生活质量才是成功的设计作品。

二、天然采光的设计原则

(一)设计要符合天然采光的有关规范与标准

除了满足最基本的规范要求外,光环境设计方案要根据实际需要满足不同的功能房间的要求,例如精致印刷、实验室、装配间、特殊展厅等,必要时可以辅以人工照明。

(二)利用光环境中物体的反射光

来自室内家具、墙面粉刷等表面的反射光会对室内的照度提高很有帮助。大多数应该运用浅色调的粉刷和油漆,利用反射进行间接采光。黑色装修只限于特殊场合设计,不适合视觉作业。例如,博物馆、剧院类建筑空间,需要衬托出展品、舞台的明亮,所以将其他空间设置深色涂料隐蔽起来。

(三)避免光源直射光和眩光、反射眩光

要控制好光源与观察者的相对位置,例如光源不宜设置于观察者正前方,不宜布置反射率高的表面等。另外还要控制亮度对比程度,避免眼睛对强对比眩光产生的视疲劳。例如,可以降低自身亮度或升高紧邻环境的亮度来降低亮度对比,一般亮度对比控制在 10∶1 之内为宜。

(四)增加天然采光的可控制性

可以设置一定的遮阳措施、控光板等来避免直射光、引导自然光。例如,设置遮阳板来避免夏季直射阳光,设置反光板将天然光线通过几次反射进入室内更深远的地方,使室内更好的得到自然光线。

三、建筑中的采光形式

通常,建筑内部空间的自然采光是通过透明玻璃的侧窗、高侧窗、天窗、天井等照亮工作台及室内表面;通过百叶和挡板控制太阳眩光,并配合白色内部装修以扩散光线进而提高照度值;利用地面的反射阳光辅助照明。室内窗可使光线由一个房间照射到另一个房间,同时还应考虑到采光对建筑环境的热影响。采光设

计要与建筑整体结合起来,对各种能量效益进行完整分析,使窗口设计能减少能耗、一次性投资和保证良好的室内环境状况。好的采光设计使立面处理不至于单调,同时照顾到景观视线的需要。

建筑对阳光的接受形式分为以下几种。

(一)窗口采光

窗户的作用很多,不仅限于自然采光的任务,它们还是建筑从外界获取热量的主要获取途径,可以自身成为空间(空气间层较大的双层窗、凹凸窗等),可以承托各种活动的舞台,是室内外空间的过滤器,成为周围景观的取景框等。因此在设计建筑窗户时应综合考虑到自然采光与其他多种因素,其中特别重要的设计因素为窗户的尺寸、位置和细部设计。窗户是建筑能耗损失的重要部位,影响窗能耗的三个重要因素是采暖、制冷、照明。除非考虑被动式采暖,否则就应尽可能减小窗户的尺寸。小尺度的窗户可以创造出与众不同的光照效果,在空间中形成光与影交替变换的韵律。窗户在墙壁或顶棚上的位置会影响光线分配、光线与照明、人类活动以及空间感受等因素的关系。按照窗户在建筑中的不同部位可以将窗户分为侧窗和天窗。

▶▶ 1. 侧窗

侧窗是指设置在建筑墙体上的窗,按其与地面的位置与角度的不同又可分为高侧窗、中侧窗、低侧窗、垂直侧窗、斜侧窗等。透过侧窗的光线具有强烈的方向性,有利于阴影的形成。低侧窗(尤其是落地窗)可以使光线通过室内外地面的反射进入室内空间,若地面采用浅色铺砖,则可将自然光线反射进入室内深处。中侧窗由于位置位于墙体中部,与人的视高相当,便于组织室外景观视线和设置一定的通风措施。当窗台的高度不高于 1 m 时,坐在室内的人可以看到室外的景色。随着窗户高度的增加,建筑室内的私密性也逐渐加大,高侧窗会将建筑与大地的关系转移成与天空的关系。高侧窗可以使光线照射到室内深处,但会在高侧窗下部的室内墙体邻近空间产生阴影,导致窗户与墙壁之间产生明暗亮度对比,甚至形成眩光,这种情况下可以采用双侧照明、高反射率的表面、遮光板反射光线等方法对暗部进行补充照明。

窗户附近的采光系数和照度随着窗户离地高度的增加而减小,但室内光照的均匀度却在增加,且在室内深处的照度也在增加。双侧采光能够形成较好的光照效果,因为房间的双侧墙体上的侧窗可以相互补充,弥补了房间深处照度不足的情况,最低照度点位于建筑中心,但这种采光方式仅限于房间双侧朝向室外的空间。

另外,不同的透光材料对室内照度分布也有着重要影响。采用玻璃砖扩散透光材料,或采用折光玻璃,将光线折射到顶棚,都可以用于提高室内照度的均匀水平。

▶▶ 2. 天窗

设置在建筑屋顶的采光口称为天窗,这种采光方式可以称为天窗采光或顶部采光。按采光要求的不同又分为顶侧天窗、天井等。一般用于解决大型公建的大跨度采光问题,也用在有特殊采光需求的场所,如大型工业厂房、展览空间等。

天窗采光与侧面采光相比有几个重要的不同之处。天窗采光的采光效率高,单位面积窗地比比侧面采光获得更多的光线,约为侧窗的 8 倍;天窗照明的室内亮度均匀度、照度均匀度较好;天窗采光的光线不会受到周边环境的遮挡;天窗采光不易引起眩光,尤其是在太阳高度角较低时,更不容易产生眩光;但天窗采光的缺点是没有了侧窗外部的景观视线;顶部平天窗采光时,采光量与建筑朝向没有关系,并且可以将光线引入单层空间的深处。但竖直天窗就会受到朝向的影响,一般竖直天窗更偏好低太阳角度的光线。

根据以上经验分析和实际计算可知,一般情况下:

第一,在涉及建筑的采暖、降温、照明的综合能耗控制在最低范围之内时,天窗是最有效的采光方式,且采用 2% 屋顶面积最为有效;

第二,天窗与相对应的非天然采光的情况相比,达到同样的照明效果,天窗可以降低能耗高达 70%;

第三,作为天然采光的光源,高侧窗总是比同样面积的一般侧窗更有效;

第四,朝南的高侧窗、侧窗比朝北的效率高,高侧窗和侧窗配合使用可以灵活设置满足设计需要,且高侧窗与侧窗各 50% 最有效;

第五,顶部采光形成的室内照度分布比侧窗要均匀的多。但顶部采光的夏季得热量大,仅对多层建筑顶层、单层建筑最为有效,玻璃容易污染、不易清洁;实际工程中侧采光施工简便,造价低,易于实现。

(二)中庭采光

中庭设计作为引入自然光线的一种手段,它与顶部采光、侧面采光结合在一起,可以从多个方向进行采光。现在的建筑设计中的中庭设计已经不仅仅是一种引入自然光线的手段,它可以体现众多的设计理念,是建筑的一个重要特征。与中庭周边被照亮的空间一起组成完整的建筑整体,中庭可以与其所服务房间一样在保温隔热方面独立开来,也可以一体化,中庭内部可以种植植物、设置喷泉等,都是绿色设计手段。

中庭可以采用天窗采光也可以采用高侧窗。水平天窗式的中庭采光口在阴雨气候频繁的地区很适用,但在炎热夏季,也会变成灾难性的热源,因此应考虑遮阳措施。高侧窗采光的天窗在温带气候条件下能保持光照需求和辐射得热的平衡,但在设计时应考虑好采光口的朝向、阳光采集方式等,以达到预期的采光效果。另外,中庭虽然不能让人们与外界景观直接交流,但其内部空间可以引入自然景观,通过中庭引入的天然光线让植物进行光合作用,形成内部宜人的小气候。

(三)房檐

房檐是一种最古老、最流行和最简单的太阳光照采集形式,其外挑尺度根据建筑的朝向而定。房檐和其他挡光设施不同于那种阻止来自所有方向光线的低透过率玻璃,在接收地面反光的同时,也能遮挡直射阳光。挑檐尺度随着太阳高度角的减少而增加。建筑师常将建筑的屋顶与墙体脱开一定距离,留出了檐下条形缝隙,作为采光手段,采光方式可以选用高侧窗,或再设置条形水平天窗采光等。

(四)反光板

当采用高窗时,这是一个主要的阳光反射源。它们较反射率低且时常处于阴影中的地面来说,又是一种更为有效、可靠地阳光反射源。由于反光板位于人眼视平面之上,可将其涂以白色或制成镜面而不致产生眩光。当希望有太阳光热进入室内时,可附设遮挡——室内反光板。它可降低窗口位置的照度水平,进一步弥补室内深处的光照不足。同理,也可将它们有效地用于不需遮挡的地方(如北向窗口)。

在有些情况下,建筑周边环境也可以充当比较有效的反光板。可以设置落地窗来接受周边地面反射进房间的自然光,有些建筑利用周围较低建筑的屋顶来反射光线进入室内,有时在建筑密度较高的地区,周边建筑的墙体所反射来的光线也可以加以利用,从而创造出意想不到的效果。

反光板的目的是通过降低窗口附近的照度而增加室内深处照度的方式来改

善室内天然采光的均匀度。为防止眩光产生,反光板一般设置在站立观察者的视平线以上,又不能遮挡室外景观视线,常为距楼地面 2.1 m 左右,这个高度正好可以与门楣等平齐。此外,要充分发挥顶棚对光线的反射控制作用,增加其高度来加大反射光线的进深,浅色装修加大光线反射率。

(五)阳光凹井

该装置是一个在内部具有反射井的高侧窗凹井,类似于反光板,将高侧窗与室内顶棚整合到一起,将直射太阳光线、辐射转变为间接的光和热,安装位置较为灵活,并不一定和高侧窗一样在墙体中上部,还可以安装在屋面上,接受由顶部入射的太阳光,类似于较浅的天井采光方式。凹井挑出部分和井筒形态可以按当地季节性的热工需要和允许到达地面的直射阳光的层级进行设计。设计中还应考虑窗口周边环境的状况,尽量用浅色粉刷,可以用光洁材料装修屋面以增加反射光线。为避免产生反射眩光,可在凹井玻璃窗上安装使光扩散的窗帘等。

四、利用技术手段的天然采光

传统意义上的天然采光,只能是在靠近建筑外墙的地方或建筑与外界接触的表面进行采光,这种天然光照明的方式也可以叫作"被动式阳光照明"。若建筑师需要对天然光线进行自主的控制,并且运用于建筑的任意部位(常用在大跨度建筑的内部、地下室等),就需要借助技术手段。

把能自主控制的利用天然光进行照明的方式称为"主动式阳光照明"。这种照明方式有三个主要部分组成:阳光收集器、阳光传送器、阳光发射体。太阳光线由阳光收集器收集,收集起来的光线集中起来,通过一个井状的管体部分(阳光传送器)传送,最后在建筑需要光照的空间引出一部分光,这部分光通过阳光发射体进入目标空间。阳光收集器可以是透镜、反射镜等,阳光收集装置也可分为主动式和被动式两种。主动式收集器可以通过传感器的控制来追踪太阳,以实现最大限度的日光收集;被动式阳光收集器则固定某一适宜角度不动。阳光发射体可以是灯具,最好具有控制作用,能自主调节进入室内空间的光通强度。管体部分与出光部分有时被设计成一个整体(例如,光导纤维),同时进行光的传输与分配。这种"主动式阳光照明"技术已有多种成熟的采光系统,下面为几种常用的技术系统。

(一)镜面反射采光系统

镜面反射采光就是利用平面镜或曲面镜对光的反射作用,使太阳光线经过一次或多次反射,将光线输送到室内需要照明的地方。这类采光系统最重要的是阳光收集器,可以设计成两种形式:一是可将反光镜(平面镜、曲面镜)与采光窗的遮阳设施结合为一体,作为具有遮阳作用的阳光收集器;二是可以将反光镜安装在追踪太阳的装置上做成定日镜,最大限度地获取日照。阳光收集器经过一两次反射,将光线送到室内需要采光的区域。

(二)导光管采光系统

此系统同样是由阳光收集器、阳光传送器、阳光发射体三个主要部分组成。其中阳光收集器主要是由定日镜、聚光镜和反光镜三部分组成;阳光传送器主要有镜面传送、导光管传送、光纤传送等,对导光管内部进行反光处理,使其反光率高达 99.7%,以保证光线的传输距离更长、更高效;阳光发射体主要使用材料为漫射板、透光棱镜或特制投光材料等,它们能够使从发射体发出的光线具有不同分配情况,可以根据采光要求来具体选用。由漫射器将比较集中的自然光均匀、大面积地照到室内需要光线的各个地方。从黎明到黄昏甚至阴天或雨天,该照明系统导入室内的光线仍然十分充足。

一些国家已经在建筑设计中广泛应用导光管进行天然采光。例如德国柏林波茨坦广场上就使用了导光管:导光管直径为 500 mm,阳光收集器是可随日光自动调整角度的反光镜,传送器的管体部分采用具有高传输效率的棱镜镀膜,实现了天然光向地下空间的高效传输,不仅实现了天然采光要求,且在建筑设计上也与建筑及广场融为一个整体,增加了广场的景致。

导光管采光系统阳光传送器直径较大,一般大于 100 mm,可达 300～500 mm不等,传送距离从数米到数十米。利用导光管采光系统一般适用于天然光较丰富、阴雨天较少的地区。

(三)光纤导光采光系统

该系统是利用高通光率光导纤维(光纤)将阳光传送到室内需要采光的空间。该系统的核心是导光纤维,导光纤维在整个采光系统中扮演着阳光传送器的作用。光纤材料是利用光的全反射原理拉制而成,具有径细(一般数十微米)、重量轻、寿命长、可绕曲、抗电磁干扰、不怕水、耐化学腐蚀、制作原料丰富、生产能耗低等一系列优点,尤其是经过光纤的光线基本上具有无紫外线和红外辐射的好处,因此在建筑照明、工业照明、飞机和汽车照明等多个领域内广泛应用。

虽然光纤采光系统的光通量并不是最大,但光纤截面的直径较小,光纤束可以在一定范围内灵活弯折,因此光传输效率较高,是建筑天然采光的一种很好的选择。在建筑设计中,一般将光纤设计成集中布线采光的方式,即把聚光装置放在屋面,在一个聚光器下可以引出数根光纤,通过总管垂直引下,分别弯折进入各楼层吊顶内并按需布置阳光放射体,阳光收集器将太阳光线对准光纤束的焦点上,光纤束一般为塑料制成,直径大约 10 mm 光纤束利用光的全反射原理来传输光线,光进入光纤后经过不断全反射被传输到另一端,再经由不同特性的阳光发射体发射光线,以满足照明的需求。

(四)导光棱镜采光系统

棱镜玻璃是用聚丙烯材料制成的薄而透明的锯齿状的或平整的板。导光棱镜的作用原理是利用棱镜的折射作用来改变入射光的方向,或折射天然光线以使太阳光能够照射到房间深处。导光棱镜一面是平的,另一面则带有平行的棱镜,这样可以有效地减少窗户附近直射光产生的眩光,同时增强室内照明均匀度。

导光棱镜在建筑设计的应用当中,一般可以安装在双层玻璃之间,分为固定式和可调节式,可以起到改变自然光线投射方向的作用。还可使用透明材料将有机玻璃的棱镜封装起来直接使用。这种系统还可以利用夏季和冬季太阳高度角的不同,阻止夏季太阳高度角大的直射光进入室内,而在冬季,允许太阳入射角小的光线完全进入室内,GlassX 结构就属于此类系统,多用于温带地区。通过棱镜窗的改变天然光线方向的作用,可以减小建筑间距,同时获得足够的室内光照。棱镜窗常安装在侧面窗户的顶部或作为高侧窗、天窗来使用,很少用在人视觉易观察到的侧窗、落地窗等位置,这是因为棱镜窗会使透过窗户的影像变形、模糊不清,使人视觉不舒适。

第二节　天然采光与人工照明

不管是在一天或一年的周期循环中,还是处在典型的气候期中,太阳光可以被有效利用的波动变化很大。太阳光不像人工光源那样,在其大小、强度、颜色、方向特性,乃至最重要的自由安置上,都有着较大的灵活性,且容易控制。太阳的方位虽可预构,但设计者却难以合理利用。太阳是一个含有紫外线和强辐射成分的直射光强光源,因此,必须采取措施以控制眩光和过热。在任一时刻由于太阳光仅能在一个方向入射室内空间,通常是穿过一个个有限大小的孔洞进入室内空间,故要获得均匀的光分布,比采用人工光源更加困难。此外,还必须考虑地面及周围建筑的影响,同时还得考虑建筑的使用规范和使用者的行为特点,这些变量因素使得天然光的设计更为复杂,其计算也更难确定。

在显色性方面,日光光谱是一种各色光线叠加起来的白光,我们已经习惯于物体在自然光线下的色调。相比之下,白炽灯的光谱能量分布没有日光光谱那么均匀,在白炽灯下,物体的颜色也容易失真,红色显得特别鲜艳,蓝色则显得暗无光泽。因此显色性较差。

由于阳光照射与人工光照明之间存在的这些相似与差异,故天然光照明设计就得采用与其光源特性相适应的技术,以达到良好照明的目的。在人工照明技术与天然光照明技术之间,我们可以探求一种有益的结合方式。由于全阴天的光照设计相对无关紧要,因而紧要的是当阳光直射时,其光照设计要能发挥出最佳效能,并在多云时,亦能达到可接受的室内照明效果。

一、设计原则

在实际照明工程中,不能单一的认为天然光与人工光的结合就是天然光作为主导因素。因为在许多工业建筑中,由于工作需要,会限制天然光的引入,这时人工光就成了照明的主导光源。因此,需要拟定两者不同的结合原则来进行照明设计。

(一)选择的主导光源必须明确

可以是天然光作为主导因素,也可是人工光主导,或者是两者相结合的方式。但必须明确特定区域、特定时间哪种光源是主要照明方式,因为不同的主导光源决定不同的设计手法和建筑形态。

(二)选择明确的照明方式

采用天然采光做主导光源的区域,需明确是顶部采光还是侧面采光作为主要照明方式;若采用人工照明亦然。一般不宜在一个工作区域的同一时段出现太多的照明方式。

(三)明确两者的结合方式

在大进深建筑中,常采用一种叫作 PSALI 的自然采光和人工照明相结合的方式。即在建筑中以天然光作为主要照明光源,而在室内深处辅以人工照明。

(四)采取必要的过渡照明

当天然光与人工光照明环境亮度对比较大时,应在两者之间采取必要的过渡照明补充。这种过渡的目的是使人们从亮环境到暗环境的过程中,将环境中亮度变化的不舒适感觉降低到最低程度。

二、天然采光和人工照明协调控制

(一)对阳光控制的要求

阳光控制包括所有的可以防止对室内光气候产生干扰作用的措施。这些措施主要目的如下。

第一,防止室内因透过过多的辐射能量而引起多余的热。

第二,防止由直射阳光或天空散射辐射而产生的眩光。当太阳高度角低于30°时尤其容易产生眩光。太阳直射光线不应当全部遮蔽,而应通过阳光控制系统的反射作用将其变成扩散光加以利用,使室内得到较好的照明。

第三,保持室内照度的均匀度,防止室内在直射光照射下的表面和非直射光照射下的表面之间产生过强的亮度对比。

(二)照明开关控制

开关控制操作简便,即当天然光已经能满足照度需要时,就关掉开关。它是用工作面的照度值来控制一个或两个灯具的装置,常用的开关控制是光电池。控制开关的光电池应具有可调性和允许感应两个不同照度水平的特性。

可调节控制可以使设备适用于不同照明要求的各种房间。设备感应出两倍于标准要求的照度值时就关掉照明系统,当感应出照度值下降到低于要求值时就将照明灯打开。为避免在天空亮度变化频繁的云天频繁开关现象,应在控制设备中增加一个时间延迟装置。

另一种开关控制形式是光源开关装置。它是一种可以感受天然光的感受器，可安置在外墙上靠近窗户的位置。它的特点是能感应某一特定值的照度，当室外照度超过一定数值时，启用挡光设备来降低照度，当室外照度低于感应最低值时，会开启遮光设备，引入天然光。这种控制方式有效阻止了过多的太阳辐射光线，在满足室内照度的同时防止了室内过热。

(三)照明调光控制

调光控制是随着天然光的增加而成比例减少人工照明的控制方式。是较开关控制设备更高效的控制方式。这种调光控制器可分为两类：多灯调节器和单灯调节器。多灯调光器适用于对大量灯具进行同时控制，工作方式是一个感应器来感应天然光，把它转换成电信号以启动控制器来调节光线。这种系统可实现一个调光器来同时控制几百瓦的照明。单灯调节器一般是只能控制一个或两个镇流器。它是利用一个导光纤维管感应灯具下的照度水平，将光信号传递到镇流器的控制盒中，以控制灯具的开闭。这种调光器要在每个灯具上都配置一个，以便最大限度地调节天然光与人工光的配比。

第三节　节能建筑的遮阳设计

一、传统遮阳与遮阳设计

(一)传统建筑中的遮阳

遮阳是通过一定的技术手段和设计方法，有效地组织和调节日照对建筑室内的影响，是建筑的组成部分，具体表现为构配件化或建筑构配件综合体。在解决日照控制问题同时应协调好采光与通风的关系，使之成为炎热地区有效的降温措施。

从民居建筑中，建筑师可以找到关于遮阳发展的前景，我们可以分析下述民居特有形式，或许对我们进行遮阳设计带来启发。

云南地区的"干阑式"建筑：底层架空，设凉台，屋面采用歇山顶以利于通风，出檐深远，平面呈正方形，中央部分终年处于阴影区，较为凉爽。这种由建筑自身设计构成的"遮阳"概念是十分有效的，并通过改善通风效果来降温，不失为遮阳与建筑紧密结合的范例。南方常用的"冷巷"布置手法：通过调整住宅之间的间距，利用马头墙、檐廊产生自身阴影,使建筑之间的庭院或巷道形成"阴凉"的区域。

沿街而设的"骑楼"方式:是集交通、遮阳、通风为一体的有效致凉手法,"骑楼"形成的阴凉区域为人们提供了舒适的开放空间。

"双层屋面"整体式遮阳系统:是炎热沙漠地区常用的建筑手法,双层通风屋面在带走大量热量同时为下层屋面提供遮阳作用,不至于因屋面温度过高而影响室内环境。如马来西亚建筑师杨经文博士发展了"双层屋面"思想设计成双层屋面整体百叶遮阳,通透的百叶提供了良好的景观、采光和通风条件。

"大进深"民居形式:在南方炎热地区经常看到,庭前院后,中设天井,深檐回廊,进深较大,创造良好的室内阴凉环境。

窗洞的"深遮阳"方式:是在传统概念上发展而来,即将窗框设于墙内壁,使窗外侧有较深的壁厚起遮阳作用,这将取决于壁厚要满足遮阳的要求,有时通过调整窗梁部位壁厚来改善遮阳作用,这种方式在许多高层建筑中可以看到。

(二)设计发展方向

过去和现在的建筑实践积累了大量的成功经验,遮阳措施与建筑紧密结合是建筑师不可忽略的方面。在科技高速发展,建筑环境控制日益引起重视的今天,建筑师可以发挥充分的想象力,结合高新科学技术,从以下两个方面着手工作。

1. 与建筑密切结合的设计方向

建筑师在进行总平面布局和单体组群设计时应充分重视建筑之间及建筑自身的遮阳组织,创造具备凉爽和通风的室内外小环境,良好的遮阳在造就室内舒适环境同时也达到了建筑节能的目的。这方面的研究工作将十分注重建筑内在规律与原理,概念和方法的更新、挖掘和发展,节能建筑设计原理中将充分重视遮阳设计问题,如果在建筑设计思想中融入"遮阳"概念是为了创造良好舒适环境的话,那么与之俱来的建筑形式的独特、新颖将更具生命力和说服力。

2. 功能性构配件的设计方向

目前我们的工作是重新发掘"遮阳"所该充当的角色和作用,打破传统观念,给"遮阳"注入新思想、新概念,那么必须从传统遮阳研究起步,即遮阳作为一项功能性构配件与建筑结合成为一体的过渡性概念。在这一方向上,建筑师将有以下着手点。

(1)可控遮阳

针对气候条件的多变特点,为适应冬夏两季,将遮阳装配设计为可根据气候特征调控遮挡日照面积的多层活动百叶系统,以达到遮阳、采光和通风的最佳组合,可控遮阳在欧美发达国家均有成功的尝试并起到良好的作用,可控遮阳作为新型遮阳方式有一定发展前景。

（2）延伸遮阳

这种方式取之于传统的"帆布遮阳棚"概念,即应用导轨将遮阳体（布或金属、塑料）延伸或收缩,起到灵活调控遮阳效果的目的。延伸遮阳可以有效解决遮阳影响冬季日照的难题,技术简单,造价不高,是值得发展的建筑构配件。

（3）自然遮阳

墙面的攀藤植物在遮阳和蒸发过程中可以使墙面降温 3～5 ℃,良好的视觉效果和降温是建筑所提倡的致凉方法。建筑广植绿化、设置水池喷泉将可有效地起降温作用。

（4）百叶遮阳

固定百叶可以在遮阳同时起通风作用,材质有铝合金和混凝土薄板等,由于是固定百叶可以省略复杂的机械装置。

（5）挡板遮阳

挡板遮阳是一种直接遮阳方式,我们主张挡板的角度由气候条件来决定。在一幢建筑中依据不同朝向和遮阳目的可采用不同的挡板角度,并通过建筑设计组织形成特有的建筑形式。

二、遮阳形式和效果

遮阳是通过建筑手段,运用相应的材料和构成,与日照形成某一有利角度,遮挡对室内热环境不利的日照,同时并不减弱采光的手段和措施。

通过日照规律和气候特征,可以了解太阳光对室内环境的影响。对北半球而言,由于夏至太阳高度角高、冬至高度角低,日照入射到室内墙与地面上的投影完全不同,冬至日在有效日照时间里受照面较大,夏至日受照面积虽小但是对室内降温带来极大影响。所以遮阳的主要目的就是将夏季暴晒的阳光遮挡住而不致影响冬季的日照。

目前,大量的新建建筑很少或根本没有设置外遮阳。设计师应该和注重建筑形体一样,对外墙鳍板、遮阳板、遮光格栅、天窗和景观共同考虑,以控制太阳辐射和采光。

不同立面需要不同形式的室外遮阳处理。为了减少照射到窗户上的太阳直射热,建筑的南、北、东、西各个立面需要不同的遮阳策略。要设计有效的遮阳装置,了解窗户高度、鳍板、遮阳板深度及位置之间的相互作用,与了解全年、每天的太阳轨迹同样重要。

(一)东向窗户

早晨太阳照射强度较高,随着时间的推移,照射强度会逐渐降低。一年中大多时间,垂直的鳍板和水平遮阳板都可达到有效的遮阳效果。但每年有两个时段太阳会垂直照射到窗户上,这时水平和垂直遮阳装置都不会起到遮阳作用。

早晨的阳光可以为较凉爽的早晨提供被动采暖,如果这个很需要,设置遮阳板就要慎重考虑。如果不需要早晨的被动采暖,就可以尽量减少东向开窗的面积,以减少眩光和热舒适问题。如果考虑到日出或景观因素,可以结合适当的遮阳板有针对性的设计开窗。

(二)西向窗户

从太阳控制的角度,西向窗户是很难处理的。特别是在西侧有良好景观的情况下,视线和西晒会成为矛盾。与东侧窗户相似,垂直的鳍板和水平遮阳板可以在大部分时候遮阳。如果西侧有良好景观,可以在西侧窗户上用植物种植箱或者植物搁架遮阳,如果没有良好景观,就要尽量减少西侧开窗面积,减少太阳辐射热。

(三)南向窗户

南向窗户对应的太阳轨迹最为复杂,既有最高的太阳照射角度,又同时由东向西运动。可以采取组合的鳍板和遮阳板来遮挡不同时段的太阳辐射,垂直鳍板遮挡太阳由东到西时的辐射,水平遮阳板遮挡夏季高角度的太阳辐射,同时允许冬季太阳照射进窗户。根据建筑所处位置的纬度来选择水平遮阳板的深度,越往北,深度也越大。

(四)北向窗户

在一年大部分时间中,北向窗户都接收不到直射光线,但夏季早晨和傍晚会有太阳直射光线照射。深度较浅的鳍板可以很好地遮挡傍晚西侧的阳光辐射。要特别注意遮阳装置需要按照正北方向设计,而不完全是和建筑外墙垂直(因很多建筑朝向只是大致的北向),这样才能真正发挥遮挡作用。很多城市的道路布局会与正北方向呈某一角度,因此设计遮阳设施时一定要根据正北方向设计,否则就不能真正有效地起到遮阳作用。

第十章　绿色建筑能源管理

第一节　建筑能源管理系统

无论是居住建筑、工业建筑，还是公共建筑，都存在建筑能源管理问题。我国《民用建筑绿色设计规范》规定，绿色建筑应针对建筑物的功能、归属等情况，对照明、电梯、空调、给排水等系统的用电能耗采取分区、分项计量，当公共建筑中设置有空调机组、新风机组等集中空调系统时，应设置建筑设备监控管理系统，以实现绿色建筑高效利用资源、管理灵活、安全舒适等目标，并可达到节约能源的目的。

一、建筑能源管理系统概述

(一)定义

建筑能源管理系统简称 BEMS，国际能源组织对 BEMS 的定义如下：建筑能源管理系统是有能力在控制节点和操作终端之间传输通信数据的控制和监测系统，该系统拥有建筑物内所有耗能系统的控制和管理功能，如暖通空调系统、照明系统、防排烟系统、给排水系统等，能够实现维护管理和节能管理。其控制和管理的目的是：①提供愉快和舒适的室内环境；②确保使用者和管理者的安全；③确保建筑节能效果和人力的节省。

日本对于 BEMS 的定义是：BEMS 是整合了 BAS(楼宇自控系统)、EMS(能源管理系统)、BMS(楼宇管理系统)、HVAC automatic control(暖通空调自控系统)、BOFDD/Cx(建筑物优化、故障诊断和评估系统)及 FDS(火灾灾害预防和安全系统)等系统功能为一体的全方位智能管理系统。

我国对于 BEMS 的定义是：BEMS 是指将建筑物或建筑群内的变配电、照明、电梯、空调、供暖、给水排水等能源使用状况，实行集中监测、管理和分散控制的管理与控制系统，是实现建筑能耗在线监测和动态分析功能的硬件系统和软件系统的统称。它由各计量装置、数据采集器和能耗数据管理软件组成。BEMS 通过实时的在线监控和分析管理可实现以下目的：①对设备能耗情况进行监测，提高整体管理水平；②找出低效率运转的设备；③找出能源消耗异常的设备；④降低峰值用电水平。BEMS 的最终目的是降低能源消耗，节约运行费用。

国际能源组织对于 BEMS 的定义中强调的是目的，特别是舒适、安全、能源和人力的双重节省。日本对于 BEMS 的定义中强调的是大集成，整合几乎所有自控系统后提供全系统的联动，涵盖供能、输能和用能监测和控制三方面。而我国强调的是数据监测、数据分析、优化策略制定，总体较为偏软，即偏在 IT 系统，而实现控制的偏硬件方面现阶段仍以与 BAS 系统结合为主。

（二）建筑能源管理系统组成

完整的建筑能源管理系统（BEMS）由监测计量、统计分析、系统管理等部分组成。其中监测计量是整个系统的基础，对建筑内电力、热力的消耗状况进行实时计量，为建筑节能提供依据。统计分析是系统的核心，通过分析、对比系统采集的数据，提出更合理、更节能的控制策略，对多表综合计费、建筑设备监控、电力监控、智能照明等子系统进行优化。系统控制执行统计分析形成的控制指令，控制和调节系统设备，最终达到节能效果。

（三）建筑能源管理系统结构

建筑能源管理系统采用分层分布式结构，分为现场层、自动化层和中央管理层，由专用的能源监控和管理软件组成。服务器加工工作站模式便于进行日常维护管理，且支持局域网或互联网访问。

1. 现场层

采集原始计量数据，包含各类能源计量装置，如电能表（含单相电能表、三相电能表、多功能电能表）、水表、冷热量表等。监测现场末端空调、动力设备各项运行参数，如空调系统的运行状态、故障报警、启停控制及供回水温度、风压及流量等。采集空调主机房冷水机组、水泵及管网系统各项参数。

2. 自动化层

对采集的能耗数据进行汇总，将汇总的数据发往中央管理层，并同步接收中央管理层发送的控制指令。能耗数据存储在数据库中，通过建筑物内部局域网提供给能源管理系统。

➤➤ 3. 中央管理层

对自动化层传输的能耗数据进行综合分析,将分析结果提交决策者作为决策参考,同时将客户的能耗修正指令传输至自动化层,以降低系统能耗。

(四)建筑能源管理系统的主要功能

➤➤ 1. 实时能耗数据采集

对能源系统能源数据进行实时监控和采集,并提供从概貌到具体的动态图形显示。实时数据保存到能源管理系统的能耗数据库中,各级管理人员在自己的办公室里就可以利用浏览器访问能源管理系统,根据权限浏览全部或部分相关能源计量信息。

➤➤ 2. 能耗报表

各能源管理组逐时、逐日、逐月、逐年能耗值报告,帮助用户掌握自己的能源消耗情况,找出能源消耗异常值。单位面积能耗等多种相关能耗指标报告为能耗统计、能源审计提供数据支持。

➤➤ 3. 能耗指标排名

进行不同时间范围能源管理组的能耗值排序,帮助找出能效最低和最高的设备单位。

➤➤ 4. 能耗比较

进行不同时间范围内能源管理组能耗值的比较。

➤➤ 5. 建立能源使用计划

根据目前的能源使用情况,做出能源使用计划。根据能源使用需求,制订能源采购、供应计划,做到能源使用有计划,保障能源使用合理、节俭,避免浪费现象发生。

➤➤ 6. 建立能源指标系统

对于不同种类能源的使用情况,必须折合成标准单位才能进行比较和综合,因此建立能源指标系统,以便能对不同的能源进行合并比较。将建筑能耗值折算为热量(MJ)、标准煤以及原油等一次能源消耗量。

▶▶ 7. 建立需求侧管理

目前大部分地区都有峰谷平电价,利用不同的电价进行有效的运营管理,降低能耗费用,帮助设施管理人员进行分析和决策。系统能为用户自动计算出设备经过调整后节约的费用,让管理者看到调整带来的直接效益。

二、建筑能源管理系统应用现状

建筑能源管理系统(以下简称 BEMS)是随着建筑管理系统(Building Management System,BMS)发展而来的。BMS 起步于 20 世纪 50 年代。从 70 年代开始,随着计算机技术的突飞猛进,建筑管理系统开始走向计算机中央控制系统:早期的 BMS 没有独立的 BEMS 管理系统,BEMS 的管理功能往往嵌入在 BMS 中。世界能源危机后,建筑物的能耗引起了广泛的重视,大量节能高效的能源设备陆续投入使用,这使得建筑物能源设备在建筑物中所占的比重大大增加。与此同时,各种各样的能源管理功能诸如最优化控制、夜间运行控制、时间事件触发切换功能等相继在 BMS 中出现。经过大约几十年的发展,节能和能源管理功能逐渐加强并形成独立的系统,也就是现在的 BEMS。

(一)BEMS 在绿色建筑中的应用

在物联网、云计算等技术的支持下,为满足绿色建筑的节能要求,目前 BEMS 在实际工程应用中主要包括以下几个方面。

▶▶ 1. 中央空调系统能源管理

空调的能耗在建筑能耗中占有很大的比重,能源管理系统对建筑中的中央空调、多联机空调以及分体空调进行精细化的管理和控制,减少能源的浪费。通过能源管理系统实现中央空调系统冷/热站自动化监控,并对中央空调系统制冷机、冷冻水泵、冷却水泵、冷却塔、空调机/新风机、风机盘管末端各部分进行系统化的节能控制。系统采用变流量控制技术、压差及温度 PID 控制调节技术、系统联动控制技术、变频调节控制技术、电耗、热/冷媒耗实时计量技术等,对中央空调进行系统化节能控制和管理。

▶▶ 2. 集中供热系统能源管理

对集中供热系统中的锅炉房、换热站、楼宇及室内暖气片等供热环节进行系统化的节能控制与管理。系统采用锅炉烟气余热回收技术、比例燃烧控制技术、二次管网平衡调节技术、换热站二次供回水混水控制技术、水泵变频调节技术、室内暖气片供热自动控制技术，以及分布式电耗及热耗在线计量技术等，在满足建筑供热舒适度的情况下实现节能。

▶▶ 3. 智能照明系统能源管理

智能照明系统，可运用自然采光和人工照明的动态调节形式，给建筑带来节能环保和人性化的工作环境。整个建筑的照明控制系统通过建筑局域网组成一个统一的系统，中央控制系统通过多级控制进行管理，结合调光/开关控制模块、智能探测器（光感/动静）、液晶显示面板等自动化设备，实现中央监视控制、就地面板控制、人感探测控制、光感探测控制、场景功能控制和能耗计算的智能化管理。运用智能传感器控制技术降低能耗，如人体活动探测，自动开关工作区域灯光，实现照度动态探测，与智能遮阳百叶窗系统相协调，通过光感探测器，根据不同的日照情况、不同的房间朝向，实现自然采光与灯光照明自动调节，变普通照明为补光照明，进而实现照明节能。

▶▶ 4. 电梯/扶梯系统能源管理

实时监控各部电梯运行状态以及供电电源状态，保证电梯安全稳定运行。根据实时的负荷需求量，调节电梯/扶梯的工作状态（启/停/工频/变频），使之与实际负荷需求量相匹配，既保证了电梯的正常运行，又节约了能源。

(二)BEMS 的发展前景

BEMS 是以计算机及其网络技术为基础，结合分布式控制系统 DCS 的理念构成开放、灵活的控制管理系统。开放性表现在系统可以和各个不同的底层系统及设备一起工作运行。灵活性表现在系统可以适应建筑能源设备的增减或改变以及能源供应量和价格的变动，根据不同的管理策略进行功能管理。但是现今的BEMS 还需要大量的人工参与，在决策上需要管理者的操作，这就大大降低了管理系统的实时性。例如，故障监测与诊断机制往往停留在"只监控不诊断"的层面上，系统运行故障还需要操作管理人员根据监测数据进行人工判断，这也是未来

BEMS 要克服的主要难题。

　　未来的 BEMS 将走向自适应管理的阶段。自适应管理就是系统根据已有的实时及历史数据和算法，根据外部条件的改变，以满足服务需求、降低运行成本、最大限度使用可再生能源为最优目标，自主地对系统进行控制管理。

　　ABEMS 分为三个层次：一级控制器主要针对某一建筑物中的特定能源设备；二级控制器控制一幢建筑物的能源设备的运行，它包括控制建筑物能源供给系统的运行以及对一级控制器的控制；三级控制器则控制整个建筑物群的运行，它连有大量的用户数据和天气数据，并根据需求预测形成能源系统工作计划，实现自适应的选择控制算法。需求预测是根据建筑物群的电力、空调、冷热水等需求预测建筑物群能源需求状况。能源系统工作计划是在基于需求预测的基础上建立合适的控制系统来满足能源需求。控制算法则是在系统工作计划的基础上根据建筑物模型的不同，自适应寻找不同的控制方案，最大限度的平衡能源使用需求和供给。由于建筑物能源设备系统多为非线性系统，常见的 ABEMS 控制算法有神经网络、模糊控制、专家系统等。ABEMS 在一个自适应预测、计划、算法选择控制过程中，增强了建筑物管理系统的实时性，并且降低了对管理者的操控技能要求。

　　采用自适应控制的能源管理系统可以根据建筑物需要在多类能源中优先选用可再生能源（太阳能、风能等），最大限度地减少商用能源的使用，有利于环境保护。ABEMS 可以综合考虑经济目标，平衡建筑物内能源设备运行的经济性，实现以不同的能源供给匹配各类能源负荷的容量，从而达到最大的管理效益和经济效益。

第二节　建筑能源管理的实施

一、建筑能源管理模式

（一）减少能耗（节约）型能源管理

　　节约型管理最容易实现，具有管理方便、易操作、投入少等优点，能收到立竿见影的节能效果。其主要措施是限制用能，例如非高峰时段停开部分电梯、提高夏季和降低冬季的室温设定值、加班时间不提供空调、无人情况下关灯（甚至拉闸)和人少情况下减少开灯数量等,这种管理模式的缺点也很明显,易造成室内环境质量劣化、管理不够人性化、不利于与用户的沟通、造成不满或投诉等。因此,其管理的底线是必须保证室内环境质量符合相关标准。

(二)设备改善(更新)型能源管理

任何建筑都会有一些设计和施工缺陷,更新管理是指针对这些缺陷和建筑运行中的实际状况,不断改进和改造建筑用能设备。一般是"小改年年有",如将定流量改成变流量、为输送设备电动机加变频器、手动控制改自控等。大改则结合建筑物的大修或全面装修进行,如更换供暖制冷主机、增设楼宇自控系统、根据能源结构采用冷热电联产和蓄冷(热)等新技术。这种管理模式的优点是能明显提高能效、提高运行管理水平、减少能源费用和日常维护费用开支、减少人力费用开支。其风险在于需要较大的初期投入(除了自有资金,也可以采用合同能源管理方式),需要较强的技术支撑以把握单体设备节能与系统节能的关系,避免在改造时或改造后影响系统的正常运行。这种管理的底线是所掌控的资金量能满足节能改造的需要。

(三)改善(优化管理)型能源管理

通过连续的系统调试使建筑各系统(尤其是设备系统与自控系统)之间、系统的各设备之间、设备与服务对象之间实现最佳匹配。它又可以分为两种模式:一种是负荷追踪型的动态管理,如新风量需求控制、制冷机台数控制、夜间通风等;另一种是成本追踪型的运行策略管理,如根据电价峰谷差控制蓄冷空调运行、最大限度地利用自有热电联产设备的产能等,这种方式对管理人员素质要求较高。

二、建筑能源管理基本原则

(一)服务原则

建筑能源管理是一种服务,它的目标是提高能源终端的利用效率、降低建筑运营成本节能不是单从数量上限制用户合理的需求,更不能以节能为借口,降低服务质量,劣化室内环境质量。管理者应向用户提供恰当的能源品种、合理的能源价格、高效的用能设备,以及节能技术、工艺和管理方式,用尽量少的能耗满足用户的各种用能需求和环境需求。

（二）系统优化原则

建筑能源管理应从能源政策、能源价格、供需平衡、成本费用、技术水平、环境影响等多方面进行投入产出分析，选择社会成本最低、能源效率较高、又能满足需求的节能方案。除了注意单体设备的节能，更要注意系统的匹配、协调和整合，重视系统的"持续调试"。

（三）采用先进的节能技术原则

采用经济上合理、技术上可行的节能技术提高终端的能源利用效率是实现建筑节能的关键所在。但最先进的技术不一定是最适用的技术，根据建筑自身条件，有时选用处于"镰刀和收割机"之间的"中间技术"更为合理。避免出现不顾条件，用行政手段推广某一新技术，或硬性规定节能改造的技术路线。对于节能的方案或新技术，在市场经济不完善、信用机制不健全的条件下，要依据科学做出正确判断。

（四）动态节能原则

建筑节能技术的最大特点是有两性，即地域性和时效性。由于各地气候、生活习惯、建筑形式、系统形式以及建筑功能有差别，因此在北京适用的节能技术在深圳就不一定适用，在 A 楼适用的节能技术到 B 楼就可能适得其反。由于气候变化、建筑功能改变、用户需求变化以及设备系统的损耗都会引起节能效果的改变，因此建筑节能并不是一劳永逸的，管理者要适应这种变化。

三、设立能源管理目标

与常规管理一样，建筑能源管理应设立可量化的、具体的管理目标，主要有以下几点。

（一）量化目标

如全年能耗量、单位面积能耗量等绝对值目标，系统效率、节能率等相对值目标。

（二）财务目标

如能源成本降低的百分比、节能项目的投资回报率，以及实现节能项目的经费上限等。

(三)时间目标

如完成项目的期限,在每一分阶段时间节点上要达到的阶段性标准等。

(四)外部目标

如达到国际、国内或行业内的某一等级或某一评价标准,在同业中的排序位置等。

设立目标必须遵循实事求是的原则。根据自己的财力、物力和资源能力恰如其分地确立目标。

四、建筑调试

建筑设备技术日趋先进,特别是楼宇自控系统日趋普及,调试过程从设计阶段开始一直延续到建筑使用之后。在建筑正常使用过程中每隔3~5年就需要进行调试,这也成为建筑能源管理的一个重要内容。

建筑在验收后系统调试的主要任务如下。

第一,系统连续运转,检验系统在各个季节以及全年的性能,特别是能源效率和控制功能。

第二,在保修期结束前检查设备性能以及暖通空调系统与自控系统的联动性能。

第三,通过调试寻找系统的节能潜力。

第四,通过用户调查了解用户对室内环境质量及设备系统的满意度。

第五,在调试过程中记录关键的参数,整理后完成调试报告。

五、能耗计量

我国能源法规定:"用能单位应当加强能源计量管理,健全能源消费统计和能源利用状况分析制度。建筑能耗计量的重要性体现在以下几点。

第一,通过计量能实时定量地把握建筑物能源消耗的变化。通过对楼宇设备系统分系统进行计量以及对计量数据进行分析,可以发现节能潜力和找到用能不合理的薄弱环节。

第一,通过计量可以检验节能措施的效果,是执行合同能源管理的依据。

第二，通过计量可以将能量消耗与用户利益挂钩，计量是收取能源费用的唯一依据。

第三，通过计量收费可以促进建筑能源管理水平的提高。要向用户收费，则用户有权要求能源管理者提供优质价廉的能源。在大楼里，用户会对室内环境（热环境、光环境和空气质量）提出更高的要求，希望以较少的代价，得到舒适、健康的工作环境和生活质量。能源管理实际是能源服务，管理者只有不断改进工作、提高效率、降低成本，才能满足用户需求。

第四，计量收费是建筑能源管理的重要措施。管理者可以通过价格杠杆调整供求关系，促进节能，鼓励节能措施，推动能源结构调整。

第三节　建筑合同能源管理

一、建筑合同能源管理的概念

合同能源管理（EMC），也称为能源绩效合约（ESPC）。合同能源管理是以节省下来的能耗费用支付节能改造成本和运行管理成本的投资方式。这种投资方式让用户用未来的节能收益降低目前的运行成本，改造建筑设施，为设备和系统升级。用户与专业的节能服务公司之间签订节能服务合同，由节能服务公司提供技术、管理和融资服务。通过合同能源管理，业主、用户和企业可以切实降低建筑能耗，降低成本，使房产增值，并且得到专家级的建筑能源管理服务，同时规避风险。

节能服务公司，又称能源管理公司（以下简称 ESCO），是一种基于合同能源管理机制运作的、以营利为目的的专业化公司。ESCO 与愿意接受能源管理服务和进行节能改造的客户签订节能效益合同，向客户提供能源和节能服务，通过与客户分享项目实施后产生的节能效益、承诺节能项目的节能效益或承包整体能源费用等方式为客户提供节能服务，获得利润，滚动发展。

由于建筑节能工程是一个系统工程，实施起来具有复杂性，同时业主及物业管理部门由于自身技术、管理、融资等能力的局限性，无法依靠自身力量进行节能改造，需要有具备研究、工程、管理和服务能力的专业节能服务公司来帮助其完成节能改造，因此，节能服务机制尤其适合推行建筑节能市场化。

ESCO 向客户提供的服务包括：建筑能耗分析和能源审计、设备系统的调试和诊断、建筑能源工程项目从设计到验收的全程监理、"量体裁衣"式的建筑设备和系统改造、建筑能源管理、区域能源供应、设施管理和物业管理、节能项目的投资和融资、节能项目的设计和施工(交钥匙工程)总包、材料和设备采购、人员培训、运行和维护、节能量检测与验证等。

节能服务公司是市场经济下的节能服务商业化实体,在市场竞争中谋求生存与发展,与传统的实施节能项目的方式相比,"合同能源管理"机制具有以下特征。

(一)商业化的运作模式

基于"合同能源管理"机制运作的是完全商业化的专业性节能服务公司,通过为客户实施节能项目并分享项目实施后的节能效益来赢利和滚动发展项因此,与以往事业性的行业和地方节能服务中心有本质的区别。

(二)高度的整合能力

节能服务公司为客户提供集成化的节能服务和总体的节能解决方案,节能服务公司不仅可以预先为客户的节能项目垫付资金,还可以为客户提供先进、成熟的节能技术和设备,并对客户保证节能项目的工程质量。

(三)多赢的局面

"合同能源管理"机制为涉及该业务的节能服务公司、客户、节能设备提供商创造了一种"多赢"的局面。借助于一个节能项目的成功实施,节能服务公司可以在合同期内通过分享大部分的节能效益而收回投资和取得合理的利润。客户除了在合同期内分享小部分节能效益外,还将在合同期结束后获得该项目下所安装设备的所有权及全部的节能效益。节能设备提供商可以实现其产品的销售。在"合同能源管理"经营模式中,介入的各方形成了基于共同利益的合作关系,成功实现节能是相关各方共同努力的目标。

二、我国建筑合同能源管理的发展

(一)需要节能的建筑类型多样

当前,我国建筑节能项目主要集中在商业楼宇、学校、医院、政府办公机构、科研院所等大型公共建筑,其中商业楼宇的建筑节能服务项目无论是在投资额还是在项目数量上均占了很大比重,其次为学校、医院和政府办公建筑。服务内容包括供暖系统改造、锅炉节能改造、楼宇照明系统节能、中央空调系统改造等,其中,中央空调改造项目数量较多,其余类型的建筑服务分布较为平均。

(二)建筑节能项目投资少、节能收益明显,投资回收期短

相比于工业节能项目,建筑节能服务项目的单体投资少,平均每个建筑节能服务项目的投资额为工业节能项目投资额的20%,收益明显,投资回收期短。近70%的建筑节能服务项目在2年内收回投资。

目前,我国建筑节能领域的合同能源管理大致有以下六种运作模式。

▶▶ 1.总包和"交钥匙"模式

业主或政府委托的节能改造工程项目一般采取总包和"交钥匙"的方式,即ESCO提供节能方案和节能技术,承担从设计到设备采购到系统集成到施工安装直至验收的全程技术服务。业主按普通工程施工的方式,支付工程前的预付款、工程中的进度款和工程后的竣工款。这种模式没有融资问题,也不承诺节能量,多用于旧房改造(如将旧工业厂房改造成创意产业园区)和既有建筑更新(如旧设备更新、系统加自控、用冰蓄冷或微型热电联产给建筑扩容等)。运用该模式运作时ESCO的效益是最低的,因为合同规定不能分享项目节能的巨大收益。当然,因为不用担保节能量,ESCO的风险也最小。

▶▶ 2.节能担保模式

节能改造工程的全部投入和风险由ESCO承担,在项目合同期内,ESCO向业主承诺一定的节能量,或向客户担保降低一定数额的能源费开支,将节省下来的能源费用来支付工程成本,达不到承诺节能量的部分,由ESCO负担,超出承诺节能量的部分,双方共享。在合同期内,节能改造所添置的设备或资产的产权归ESCO,并由ESCO负责管理(也可由客户自己的设施人员管理,ESCO负责指导)。ESCO收回全部节能项目投资后,项目合同结束,ESCO将节能改造中所购买的设备产权移交给业主,以后所产生的节能收益全部归企业享有。由于这种模式对ESCO存在着较大的风险,所以一般都采用可靠性高、比较成熟、投资回收期短、节能效果容易量化的技术。投资回收期控制在3~5年。

▶▶ **3.** 节能效益分享模式

节能改造工程的全部投入和风险由 ESCO 承担,项目实施完毕,经双方共同确认节能率,双方按比例共享节能效益。项目合同结束后,ESCO 将节能改造中所购买的设备产权移交给业主,以后所产生的节能收益全归业主。

▶▶ **4.** 能源费用托管模式

ESCO 负责改造业主的高耗能设备,并管理其用能设备。在项目合同期内,ESCO 按双方约定的能源费用和管理费用承包业主的能源消耗和维护。项目合同结束后,ESCO 将经改造的节能设备无偿移交给业主使用,以后产生的节能效益全归业主。

▶▶ **5.** 设备租赁模式

业主采用租赁方式购买设备,即付款的名义是租赁费气在租赁期内,设备的所有权属于 ESCO。当合同期满,ESCO 收回项目改造的投资和利息后,设备归业主所有。产权交还业主后,ESCO 仍可以继续承担设备的维护和运行。一般来说这种 ESCO 是由设备制造商投资的,作为制造商延伸服务的一种市场营销策略。而政府机构和事业单位比较欢迎这种租赁方式,因为在这类单位中,设备折旧期比较长。

▶▶ **6.** 能源管理服务模式

通过使用 ESCO 提供的专业服务,实现企业能源管理的外包,将有助于企业聚焦到核心业务和核心竞争能力的提升方面。能源管理的服务模式有两种形态:能源费用承包方式和用能设备分类收费方式。前者由 ESCO 承包双方在合同中约定数额的能源费,在保证合同规定的室内环境品质的前提下,如果能源费有节约,则作为 ESCO 的营收。后者按 ESCO 所管理的设备系统能耗的分户计量以及双方在合同中商定的能源价格收费,在能源价格中含有 ESCO 管理费,也可以按建筑面积收取固定的管理费。这种模式是典型的服务外包。

参考文献

[1]曼弗雷德·黑格尔.主动式建筑从被动式建筑到正能效房[M].上海:同济大学出版社,2018.

[2]詹姆斯·马力·欧康纳,李婵.被动式节能建筑[M].沈阳:辽宁科学技术出版社,2015.

[3]渠箴亮.被动式太阳房建筑设计[M].北京:中国建筑工业出版社,1987.

[4]王玉生.王瑞华.被动式太阳房建筑图集[M].北京:中国建筑工业出版社,1987.

[5]梁雪莹.超低能耗技术在绿色建筑中的应用研究[J].工程建设与设计,2021(06):53-54.[6]冯康曾,田山明,李鹤.被动式建筑节能建筑智慧城市[M].北京:中国建筑工业出版社,2017.

[7]赵士玉.被动式建筑典范青岛中德生态园被动房技术中心项目解析[M].东营:中国石油大学出版社,2017.

[8]董玉山.用于被动式建筑的防水隔汽膜施工技术研究[J].绿色环保建材,2021(04):134-135.

[9]陈旭,孙金栋,张雨铭,等.严寒地区被动式建筑地道风系统应用分析[J].建筑热能通风空调,2021,40(04):77-80+50.

[10]米硕成.浅谈绿色建筑及被动式建筑在房地产项目中的创新应用[J].混凝土世界,2021(04):36-39.

[11]王志强,辛晓斌,刘硕.基于相互作用矩阵的被动式建筑施工安全评价[J].中州大学学报,2021,38(02):112-116.

[12]沈建勋.暖通空调系统在被动式建筑中的应用[J].建材发展导向,2021,19(08):38-39.

[13]杨帆.中式烹饪对被动式建筑耗能影响的实践研究[J].山西建筑,2021,47(07):164-165.